项目支持：国家科技支撑计划重点项目“综合风险鉴别与防范技术研究”
（编号 2006BAC18B06）

全国灾害预测方法研讨会实录

高建国　郭增建　耿庆国　汪成民　主编

气象出版社
China Meteorological Press

内容简介

本书是2010年4月26—28日全国灾害预测方法研讨会研讨内容的实录。包括征兆预测方法、天地耦合预测方法、信息预测方法和综合预测方法的地震、洪涝、干旱、地质灾害、海洋灾害预测方法。生动地记录了一大批具有丰富经验的科技工作者介绍他们研究的心得、依据和效果，以及其他学者对于其研究的回应。附录了2篇论文、3项建议和1项请示报告。可以供从事地震、气象、水文、海洋、地质、地球物理、天文等科学工作者，及大专学校师生阅读。

图书在版编目(CIP)数据

全国灾害预测方法研讨会实录/高建国等主编. —北京:气象出版社,2010.11
ISBN 978-7-5029-5073-6

Ⅰ.①全… Ⅱ.①高… Ⅲ.①灾害-预测-方法-中国-会议录 Ⅳ.①X4-532

中国版本图书馆CIP数据核字(2010)第207467号

Quqnguo Zaihai Yuce Fangfa Yantaohui Shilu
全国灾害预测方法研讨会实录
高建国 等 主编

出版发行：	气象出版社		
地　　址：	北京市海淀区中关村南大街46号	**邮政编码：**	100081
总 编 室：	010-68407112	**发 行 部：**	010-68409198
网　　址：	http://www.cmp.cma.gov.cn	**E-mail：**	qxcbs@263.net
责任编辑：	王萃萃	**终　　审：**	章澄昌
封面设计：	博雅思企划	**责任技编：**	吴庭芳
印　　刷：	北京京科印刷有限公司		
开　　本：	880 mm×1230 mm　1/32	**印　　张：**	7.75
字　　数：	170千字		
版　　次：	2010年11月第1版	**印　　次：**	2010年11月第1次印刷
印　　数：	1～1000册	**定　　价：**	30.00元

本书如存在文字不清、漏印以及缺页、倒页、脱页等，请与本社发行部联系调换

前 言

2010年4月26—28日，由中国地球物理学会天灾预测专业委员会、中国地震预测咨询委员会、中国灾害防御协会灾害史专业委员会、中国可持续发展研究会减灾专业委员会、国家科技支撑计划重点项目"综合风险鉴别与防范技术研究"课题组联合在北京金隅凤山温泉度假村召开全国灾害预测方法研讨会。会议召开前，气象出版社出版了本次会议论文集《灾害预测方法集成》。

50位专家出席研讨会。中国二十一世纪议程管理中心副主任周元出席会议并作重要讲话，他指出，在座的各位是非常重要非常好的群体，我代表二十一世纪议程管理中心，也代表创新方法研究会对于这次研讨会的召开表示祝贺，也对长期以来专注于我们国家灾害预测方法的研究和实践的学者表示感谢。中国工程院院士许绍燮用中国地震发生事件的结构批驳了所谓的地震不可预测，对三个论点，即第一稀有事件，第二不可入，第三无标度、自组织，逐条进行了批驳，深受与会者的欢迎。

朱建国将军指出，方法是人类知识认知甚至于智慧当中最有价值的东西，按照钱学森的观点，各种方法各有长处，我们要把好的方法都集成起来，我们通过这次会议让人学到新的方法，这样防灾意义就非常大了。国家发改委原副司长严谷良指出，这个问题一定要提出来，到底科技领域怎么样贯彻落实科学发展观？他提了三个问题：第一个问题，地震预测的水平是提高了还是下降了；第二个问题，管理水平是前进了还是倒退了；第三个问题，地震预测的科研条件，是没有还是没有做好。

我们现在还是要大力地搞预测，努力地搞预测，现在还没有一个理论能证明地震不能预测的。

关于地震预测的方法很多，刀、剑、棍、戟，哪一个武器更好呢？到现在为止没有哪一个方法比其他方法更好的，最重要的方法就是综合预测。集合、集成、整合就会有好结果。2009年9月20日重庆大滑坡预测，是天灾预测专业委员会成功利用综合预测方法得出的。要想办法让自然科学的研究结合社会科学的工作，这样对中国会有很好的帮助。

翁文波院士创立一个信息体系，这是自主创新的，在重大灾害和灾害预测方面是一个很好的理论体系，他提出来人类对事物可以有抽象体系、物理体系、信息体系。他新提出的信息体系对巨灾预测有重要意义。

地震预测排斥经验，违反系统科学。应用机械论观点、还原论方法，肯定不能预测地震，永远是不能预测的。而我们的理论和方法，按照钱学森的归纳，前面提出来叫半经验半理论；后面提出来三个组成部分：第一个是多学科理论，第二个部分叫做专家群体经验，第三个叫做各种资料信息和计算机技术。

会议宣读了40篇论文。并对其中的物理机制、预测原理、发展前景等问题展开了热烈讨论。

会议能够顺利召开与各位专家的勤奋、敬业的精神是分不开的，在此谨向他们表示最深切的谢意。

本书是会议发言稿，均经作者整理核定。

编　者

2010年8月

目　　录

附录

开幕词

高建国

高建国研究员

全国灾害预测方法研讨会现在开幕。今天我们有幸请到中国工程院许绍燮院士，请到科技部二十一世纪管理中心周元副主任，请到中国地球物理学会郭增建秘书长出席会议。还有各方面专家与会，由于时间关系就不一一介绍了。

这次研讨会是由科技部、二十一世纪议程管理中心负责的国家科技支撑计划“十一五”重点项目“综合风险鉴别与防范技术研究”课题组、中国地球物理学会天灾预测专业委员会、中国灾害防御协会灾害史专业委员会、中国可持续发展研究会减灾专业委员会等几家联合召开的。受到了国内同行专家高度的重视，要求参加会议的学者很多。只因我们会议实在容纳不下，以致不得不婉拒了。

本次会议是在 2008 年 1 月发生雨雪冰冻灾害和 5.12 汶川地震后、2010 年 4 月发生青海玉树地震的背景下召开的。下一个灾害在哪里、在何时发生？大家感到压力非常大，是带着问题参加会议的。另外在这次会议前，4 月 22—23 日中国地震预测咨询委员会、4 月 24—25 日中国地球物理学会天灾预测专业委员会连续召开了研讨会，代表们就今年中国地震和洪涝灾害预测发表了很好的见解，也提出了很多很好的如何来改善我国灾害预测水平的建议和要求。

本次会议跟前两次会议不太一样，主要就是我们以前研究的报告都是提出预测的结果，而对于我们的方法研讨还是不够的。如何从科学层面上总结预测方法，这是大家所关心的，使我们每年都有进步，而不是停留在自己手头掌握的方法上。所以当我们把这个想法给科技部、二十一世纪议程管理中心周元副主任汇报的时候，因为他也是中国科技创新方法的秘书长，他对这件事情非常重视，觉得这样做很好，应该把预测的方法问题单独拿出来好好讨论一下。很多同志手头有一些很好的方法，由于过去只谈预测结论，很少谈论所用方法，相互之间也不太了解各自掌握的方法机理，所以我们必须提供这么一个机会来很好地探讨一番。

我们会前收到 50 篇论文，经过专家们很认真地挑选、评议，而且每个都写了评语，选取了其中 40 篇。其中有两篇文章是有争议的，有争议的问题还请第三位专家来写意见；如果他反对，文章即被否决，如果他同意文章就被录取。

我们希望在这次会议上能够涌现一些高标准、高水平的学术思想。我们不侧重对今年某些灾害的具体预测分析，因为这项工作在前两次会议上都专门研讨过了。

如何开好本次会议？天灾预测专业委员会老主任郭增建研究员强调：要讲物理，讲物理方法，讲机制，而不能光讲预测、预报率，这是本末倒置的事情。时任天灾预测专业委员会主任耿庆国研究员强调:要宁缺毋滥,要把经过实践检验、预测机理上更成熟的一些方法,作为自主创新地开展巨灾预测的科学方法手段依据。我赞成他们二位的意见,祝愿会议取得圆满成功!

一、综合预测方法

时间:2010 年 4 月 26 日下午 14:30—18:00
地点:金隅凤山度假村悦宾楼一层第 13 会议室

主持人高建国(中国地震局地质研究所研究员):在今天下午短短的三个半小时,我们有 9 个报告,以下按照顺序,首先请郭增建研究员来谈,大家欢迎。

◎ 长程关联

郭增建研究员

郭增建(中国地震局兰州地震研究所研究员):

各位来宾、各位同志,我在昨天的会议(注:全国天灾预测专业委员会研讨会)上讲了有些人对我们海城地震一些科学问题提出的质疑的回答。今天我要讲的是对自组织临界理论的回答。1989 年以来物理学家巴柯等认为地震是自组织临界的,如果是这种情况的话,那么地震是不可预报的,不仅今天不能预报,明天也不能预报,这就是这个理论最后导致的结论。而咱们国内除了专业人士看看文献以外,在社会上也有专家散布这种观点。2008 年 5 月有人在报上发表文章,从根本上否定地震预报的可能性。

2010 年 3 月份北京大学地球物理和空间系的一位副教授也在报刊文摘上发表文章,也抬出来这个理论,说今天不能预报,今后永远不能预报。

面对这种情况,我后面的发言就是针对这个理论进行一定的讨论或者说对他们的理论不同意的。这个理论是这样来谈地震预报不可能的:当地壳处于自组织临界的时候,任何一个地方的应力都达到可能发震的程度,或者是接近这个程度,当其中任何一点产生一个小破裂,可达到传播的程度,这也相当于任何地方都达到了发生地震的程度,这是成因。

对于地震预报来说,一处发生小地震,这个小地震事先不知道,一旦发生了,后面来不来大地震也不知道,但是也有可能接着就传播发展,传成一个很大的地震,而传到多大,今天没有办法来估计。在这个意义上来讲,自组织临界理论没有特征长度,即事先你不知道传到多长就要停滞,就能对应那么大震级,你不知道。所以你报不出来,对地震报不出来。

临界现象之一叫做长程关联,现在自组织临界理论也有,而且长程关联大得很,在断层面上最后发震的过程,取决于很大范围的那些相互作用,最后都与这个有关。你对大范围的相互作用的细节弄不清楚，你就无法预报这个地震，这个话虽然说的不是太绝，但是你弄不清楚，最后就报不出来。

为什么说现在的地球处于自组织临界状态呢？拿什么根据来说？巴柯是物理学家，他用的是地震数目和大小之间的公式，这个公式符合多层次自相似的分数维结构。他说你看今天地震科学的老祖宗谷登堡和李希特都把这个说了，所以他就认为现在地球处于自组织状态。这是他的主要根据。因此就导致了前面地震不可能预报的一些推论。

下面就谈谈我是怎样对他们的意见不同意的。第一，就是关于特征尺度，我们过去提过一个组合模式，这个模式中的积累单元长度是能折合相应发生的震级的，如果这里面产生小地震一旦破裂传播的话，传到调整单元就会停滞再也不能传了，这就有一个特征尺度，我们可以从地质、地球物理来知道这个长度，因此一旦传播的话只能传播这么长，不会再扩大了，这是针对具体震源来说的。在这个意义上地震是有特征尺度的，这是可以测量的，但是我们还要详细研究。说到海城地震其震源断层在东西向区域构造压力作用下与其交 45 度角，积累单元一旦发生小地震，只在此地段放能，震级也就定了。按自组织临界理论就是说一旦传播不知道传播到什么程度，到最后传播到这个地区最大震级所相应的地方停。中间有6 级、7 级、8.5 级，那些都不好说，因为那些没有特征尺度。

关于谷登堡一李希特公式，过去我也研究过，因为这是一个地学上的主要现象，过去气象学上提出的层次理论，层次理论又叫做尺度理论，这是气象学 20 世纪 40 年代就提出来的，而且也是很重要的理论。就是说空间尺度越大，维持的寿命越长，它的能量越大。我在巴柯提出临界现象理论之前，我也用这个层次论套到地震上来理解地震数目与其大小关系的公式。

前苏联舍尔曼早得出小断裂比大断裂多，大断裂比特大断裂多，或者说断裂越大，它越稀少，断裂越大的两个平行断裂，其中间距离就越大。在此情况小断裂之间空段接通发生的小震就越多。依此类推，大地震的数目就少。另外大震错动时发热多，再积累能量隔的时间长，小震则短。如果在一个断层深部有热液，或者热的气体往上涌，则其周围的压力就减轻了，在别的地方就不往上涌了，这样就给大断裂留下一些热的空段，不热的地方容易发生大震，这样把很长的断裂也分割了。其中大断裂涌入热物质的力量比较大，最终到地面上了，这周围不向上涌的范围断裂比较长，相交的地震也比较大。

近些年来实验表明，两个断层越紧，持续的时间越长，它的静摩擦极限越高，将来有可能发生大地震。摩擦还与两断层实际接触面积有关，如果地震带长也比较深大，这个尺度越大，能量越大，地震越大，它的孕震时间越长，若一个小面积在断层面上互相摩擦住，这就很容易被错动，这样震源规模小，能量也小，孕震时间也短，这就是层次论，用层次论完全可以解释。谷登堡一李希特公式，并不只是自组织临界理论才能解释。既然后者无唯一性，它就不能否定地震预报的可能性。

为什么一些人觉得巴柯说的有道理呢？这是因为地震预报比较难，谁说难我就信，因为我感到难，但是原因还是多种多样的。我们过去力学上一个断裂传播的时候，那套理论是比较完善的，裂缝锋端快速传播，把锋端前的应力集中区压得范围越来越小，这个时候应力集中度更大，另外还有惯性冲击力，这样一来很难阻止断裂传播。

由于地震学、地球物理学过去研究的一些缺陷，使人们很容易接受巴柯的理论。1911 年美国学者 Reid 发表弹性回跳理论的时候就只考虑断层中间那一块，两端没有研究，即断裂如何停止没有研究，这是老祖宗留下不清楚的问题。再往后多少年来，地震之后作物探测深，只测到中间，两头没有好好测，也不知道两头为什么停止，这是地震学和地球物理工作留下的缺陷。这就很容易使人们接受巴柯的观点。美国著名地震学家诺波夫反对把自组织临界理论用于否定地震预报，但是他没有更深入地谈一些问题，但他的文章的基本观点还是鲜明的。

下面谈一下长程关联，1986 年我曾用长程关联讨论地震预报问题，对于组合模式，主要是积累单元和其两端的调整单元，这三个单元在互相作用，在震前早些时候积累单元不动，调整单元在动，他们动得不协调，一旦积累单元慢慢在震前预滑，调整单元也在滑，这样互相协调推挽起来大地震可能就快要发生，我把这个也叫长程关联，但是这个范围还是比较小的。而巴柯理论的长程关联范围极大，且这个范围内的细节都与发震有关。

我们现在还是要大力地搞地震预报，努力地搞地震预报，他们现在还没有一个理论能证明地震不能预报。只要谁没有在理论上证明地震是不可能预报的，我们就是要搞，搞出一个是一个，谢谢大家。

主持人高建国：下面请汪成民研究员讲正确的综合分析方法是地震预测成败的关键。

◎ 地震预测综合决策系统

汪成民研究员

汪成民（中国地震局地震预测研究所）：

原来准备在会议上汇报这个题目，考虑到今天到会有周元主任和一些上次没有参加咨询委员会的新的同志，老高叫我把最近玉树地震的情况做一个简单汇报，这是另外一个报告，所以我把两个报告合在一起讲。

关于地震预报的方法很多，有人问我什么方法比较好，我回答不出来，因为刀、剑、棍、戟，哪一个武器更好呢？每个人有个人的说法，在不同场合和使用的方法是不一样的，同样在地震预报中，虽然到现在为止没有哪一个方法比其他方法更好的，至少在我这里还找不出来。可是我可以告诉大家的是：哪个方法最重要，最重要的方法就是综合预测。

为什么说这种预测方法最重要呢？有两个原因。首先，从科技上来说，综合就是要把每一个单项优点加在一起，当前在没有一个单一方法能够过关之前，就要想方法找到一个好的途径。

第二个原因，由于我们现在的预报制度，在座的人大部分很熟悉，我们大家预报以后由上头的人综合、选择，选择出来以后作为地震局的预报再往上报，这才是正式预报，能够实施的预报。因此下面无论做了多少努力，综合预报一卡住了，他没有选中你的意见，没有把你意见传到上面去，你的工作还是白干，没有成效。现在地震预报这套预报的管理条例把综合预报最后决策者放到最高的位置上，使这个方法高于其他的方法。

我下面简单讲一下综合预报方法。多年来，在综合预报方面我们已经取得了很多经验，很多人说："我不知道什么方法最好，这次你对了，下次他对了，我们拿到意见以后第三次谁对不知道，因此我很难"，

其实，解决这种困难的办法，我们已经研究了多年，从周总理领导我们要搞综合预报开始，已经摸出一套比较好的方法来处理这种局面，就是把强势的东西、优势的东西集中起来搞综合预测。

由于我们综合预报没有搞好，所以现在中国地震预报水平很低，并不是指某一个方法的水平，而最后体现的是综合预报的水平。现在地震局统计我们一共报准多少次地震也是从地震局把所有意见综合以后，最后拿出意见作为评分标准。

下面我讲一下过去根据周总理提出来的，专群结合、土洋结合、多兵种联合作战，综合分析的一些体会。我从事地震工作33年，前11年是搞综合预报的，李四光说你别搞你专业了，你搞综合预报，所以搞了11年综合预报。唐山地震以后让我搞地下水前兆，又干了11年，之后看到地震局路子这么搞不行，于是我在没有退休之前在科技部申请了一个“863”课题，又搞综合预报11年，实际上我在地震局33年的经历，有2/3的时间搞综合，把所有的情况搞在一起。我把科技部“863”课题最后形成的综合预报成果简单讲一下。

综合预报是站在别人肩膀上的预报，吸收别人的优势，应该比单项做得更好。实际上在操作中综合方法有利有弊，如何把不太好的东西组装成好的东西，这一套方法就是钱老说的智慧大成，强、强相加，这样1加1不仅等于2，可能等于3、4……。假如把综合预报简单地叠加、拼盘、表决，不是选优淘劣，而是择劣淘优，1加1就可能等于0，因为现在没有一批人专门研究综合了，就是把东西拿出来加在一起，或者看谁地位高，院士经验多，他的意见就对了，于是其他意见就不考虑。把一些生死攸关，严肃的科学问题变成一个简单的投票机器，所有的意见集中在一起互相矛盾，互相混乱，有的说东，有的说西，最后召集专家，他们没有时间详细了解真实情况，也没有把预报的同志叫过来，他们在不了解情况之下，也就一天的时间表决，地震局成了投票或者传达信息的中转单位，在十个预报当中送一个上去，作为地震局的意见。这种做法很难博采众长，有时甚至博采众短，使综合预报反而形成淘优择劣的合法工具。

我对综合预报有几点体会，海城地震预报成功，唐山地震预报失败，关键是是否综合时抓住了要害。我们在1992—1993年向钱老汇报，后来在“863”搞一个课题。我的办法是把比较有经验的科学家、成功率较高的方法集中在一起，每种技术、方法当成一把钥匙，我盯着他们，他们大多不是地震局常规方法，一般都是非正统的、非常规的方法，一把钥匙开一把锁，用一串钥匙开地震这个复杂的大锁。我们把最后形成的预测向地震局报，又向科技部报，“863”课题有人检查，成功率比地震局使用常规方法要高不少。我们先用3年时间摸索，为了积累经验，不发预报。后来建立一个智能决策系统，才开始正式预测，第一期成功率达到30%，后来就逐步能够达到一半以上，于是我就向地震局打过报告写过文章，也在国外杂志上发表推荐，当时地震局认为科技部做了非常好的事情，使我们地震水平达到比较高的程度。

第二个办法，我们把所有的经验建立成数据库，广泛收集好的经验，其中也包括一些老百姓的，包括专业的，包括专家的，搞出一个数据库。

第三个办法，我们建立一个推理综合决策系统。

基本上的核心思想是力争把所有的预报意见强强组合，不是用简单的叠加和表决的方法，综合的基础可以归纳成核心思想是八个字，四句话。

八个字是：权重、群体、过程、匹配。

“权重”指每一预报方法，在我这里投票的权重是不一样的，这个权重也不是固定不变的，它们随时间进程、地域分布是有起伏的，根据前一段时期预报的成功率或者某一段时期预报的某一个地区的成功率可以进行最终调整。

“群体”指当收集资料比较多的时候，一定要开展时空对比分析，地区上是否集中，时间上是否同步，简单地说这个变化是合群的还是孤单、零星的。

“过程”指所有这些群体变化在时间上是否能衔接上，在地区是否有一个演变过程，一旦这个演变跟地质构造有关，则要更加重视。

“匹配”指与其他各种自然界因素的相关分析，例如与天文的、跟太阳黑子关系的匹配……权重、群体、过程、匹配，把这八个字些领会透了，用这个东西反复过筛拿出意见，就比较可靠了。

四句话是：

第一句话就是没有核心的资料，都是松散无关的资料；

第二句话不合群的异常，经常是低信度的异常；

第三句话不参与演化过程的指标，经常是软指标；

第四句话没有形成配套的现象，经常是无须重视的现象。

举一个例子，根据以上几个步骤，我们正确预测了1998年1月10日张北6.2级地震。

在1998年1月10日河北张北6.2级地震前，科技部“863”课题组报了北京北部有震情的报告。地区上开始是一个很大的范围，比华北地区还大，在范围里面缩小成一个小的范围，反复算了以后小范围分成四份，后来发现西北角范围比较重要，于是最后盯着这个地区，张北地震就发生在最后确定的地方。用这种方法逐步缩小包围圈，使预测地点逐步明确化。

假如开始报一个比较长的时间，最后逐步缩短，从这个地方就开始报了，这也比较具体了，而且地震的发生可能性也比较大了（图1）。

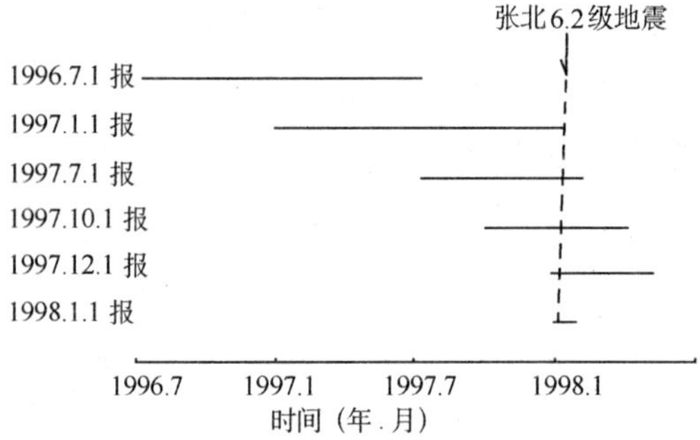

图 1　1998 年河北张北 6.2 级地震智能决策系统预报过程图

我们做出来一些曲线，这是所有掌握的十几把钥匙的综合曲线，不是某一种方法的变化。根据多种方法综合曲线，信度高低做成一个曲线，这个曲线先从过去的震例来验证。在此以后我们开始张北地震的预测。

下面说一下玉树地震，这次玉树地震与上次汶川地震一样事先都有许多较好的预测意见，由于没有被上级重视，又没有向当地打个招呼。从我收集的资料来看，玉树地震是比较容易报的地震，但有因为工作不到位，把大震漏过去，造成巨大伤亡，心里都非常难受。

我们在汶川地震以后反复强调现在是地震活动高潮，对这个认识，地震局内部就有争论。2008 年 5 月 18 日汶川地震发生后几天我们给中央写了一封信，阐述了汶川地震是一个新的活动高潮的指标的观点，认为这次地震活动高潮不会很快停止，上次跟周元主任也汇报过，地震活动不会那么快平静。提出除了汶川老地震要注意强余震以外，还要注意周边地区也有引发的可能，尤其南北地震带南边和北边，之后南端果然相继发生攀枝花地震、姚安地震，北端偏西发生了玉树地震。

2010年2月6日，我们这几个人又联名向上反映，提出形势越来越严重，地震局工作毫无改进，原文是："当前大震形势十分严峻，应该引起充分注意，务请早点采取应对措施，中国地震局目前的思想状况，工作状况很难完成国家赋予的任务，这几年每年地震老是报不准，这样引起群众非常担忧，希望赶快采取措施。"

我们的信除了给党中央和国务院报以外，也给人大送去了，人大常委会办公室说你们的信我们收到了，我们对这个问题很重视、关心，我们会采取一些对应的办法。后来没有几天请某负责人去汇报，我当然不知道是不是收到我们的信才请他去汇报，正好时间是对得上的，大概三五天以后，就问他地震活动怎么样，你们有什么样对策，某负责人说："当前处于地震活跃期的说法，没有什么科学根据，目前地震活动是正常的，没有看出来什么特殊情况。"我无意在这里批评谁，但某负责人在人大的发言对全国人民是一个误导，与事实不符，是很有害的。

有人说你们老是挑问题和毛病，这个不对那个不对，你们有什么办法拿出来。事实上，我们通过各自途径，包括给周元主任打了报告，很多人签字提出一些紧急建议：第一，急需调整地震工作的思路与方法，实际上就是地震局对地震预报的态度与认识要变一下；第二，要全面恢复群策群防；第三，要加紧研制、引进先进的救灾工具。

玉树地震前，我们曾有过许多较正确的预测报告，包括我们郭增建主任和李均之老师和负责西北片的首席预报员郑大林研究员，他们对这个地区一直十分关注，写过不少文字预测报告和论文，专门说青海南部玉树这一块有一些问题，已经提了好几年了。

另外，对汶川地震预报得比较好的人中有个叫杨智敏的，他在2010年2月15日给地震局打了一个报告，同时也把报告给我传过来了，他说未来一年内在青海靠近西藏交界青海玉树，点出来玉树了，可能发生6.1～6.9级地震，震源深度10 km，确有其事，这个我都查了。

还有一人叫余向红报的也非常好，地震局都认可、表扬。

还有钱复业，他在2010年4月10号给我打电话，说老汪有情况了，她说这一次不一样，不会太远，我说有多远呢？她说在国内，我国西部，我说我现在出差到深圳去，你把这个问题搞明白了就向车时先打个招呼。结果地震发生了。

我收到杨智敏第一次预测后，曾告诉他你的预报我们收到了，你说一年之内青海玉树一带有地震，这个事不好操作，一年时间很长，我哪天跟地震局呼吁，他说我注意，有信息再给你报。到了2010年4月11日就报一个意见，未来80小时以内，下列地区可能有地震，其中列在第一位就是青海96°E，33°N，但是震级报小了。前几天我们在这儿开会，大家都非常后悔，若能通过当地，打个招呼就成了又一个“青龙事件”了。

但是当前地震局不可能采纳这些预测意见，地震局台网中心负责综合预报的人，是一个年轻的同志，他最近接待记者说：“以目前水平来说地震肯定是不能预测的，科学要找普遍规律，这个规律现在绝对是没有找到”。持这种观点，处在地震综合预报的重要位置上，如何能重视来自于群众的正确意见，他本人就不相信，更不可能向地方政府打一个招呼。

主持人高建国：下面请耿庆国研究员发表演讲。

◎ 巨灾和灾害链

耿庆国研究员

耿庆国（中国地震台网中心研究员）：

各位专家，下午好！巨灾和灾害链是我们主攻方向，因为对人民生命有严重威胁。这项工作是由高建国研究员领衔的，是我们在2006年、2007年、2008年连续3年申报“973”科技项目失败的结果，也是我们在2006—2008年连续追踪5.12汶川大地震的过程。

巨灾和灾害链对人民生命财产危害十分重大。巨灾，是指大洪、大旱、大震和强台风等自然灾害。灾害链是指一个重大灾害发生后，继发另一个重大灾害，并呈现链式、有序结构的大灾传承效应。灾害链机理当属世界科学难题。由于中国自然灾害异常严重，且这些大灾往往以灾害链方式出现，需要多学科进行综合研究方能奏效。

我国党和政府坚持以人为本，高度重视防灾、减灾工作。因此，加强灾害链预防、预警和城市防灾处置研究，以努力减轻城市灾害链对人民生命财产的威胁，提供科学和技术支撑；

对减轻灾害损失、构建和谐社会、保障人民安全和社会稳定，有重大战略意义。

（一）基础理论依据

(1)重大灾害的制约性、灾害链研究的整体统一性

灾害是突变现象，灾害链体现了不同类型灾变演化的含义，体现了大自然的隐秩序，即自组织性、协同性，以及大自然的整体统一性、复杂性。这是21世纪科学的前沿课题。

(2)信息体系——自主创新的灾害预测取得较好效果的根本原因

翁文波院士“信息预测理论体系”，突破了西方现有预测理论方法的局限和束缚。确立了灾害预测科学的新方法——可公度性原则。

翁文波把客观存在的事件集区分为两类：常态子集和异态子集。常态子集事件是一般、经常、常规事件。常态子集采用的统计预测方法，对预测巨灾和灾害链往往无能为力；异态子集事件是异常、例外等事件是信息预测。异态子集采用的信息预测方法，对预测巨灾和灾害链往往能取得较好效果。

(3)灾害链与大地构造运动微动态的放气和抑气效应有关

地震与气象灾害形成的链有旱震链、震洪链和震台链。

旱震链 1972年耿庆国提出地震影响气象，用孕震过程中地壳和上地幔岩浆热物质上涌的“烟囱效应”来解释旱震链。

震洪链 分同域链和异域链。同域链是大震发生后出现的大范围“放气”，利于垂直对流降雨和吸引冷热气团，形成降雨。异域链影响到远程大气环流，涉及中国降雨的水汽分布

和冷空气路径。1991 年发现滇缅地区大震后易于在珠江和长江形成巨洪。滇缅地区大震后形成的大面积放气既可能增加孟加拉湾送来的水汽,还形成低压把孟加拉湾水汽吸到青藏高原旁,绕高原的气流进入中国大陆。蒙新甘青地区发生大震后,大面积放气,造成低气压温湿状态,吸引冷空气南下,与黄河流域的湿热气团交会降雨。

震台链 根据大气学原理,台风有向高温低压区域移动的趋势。大面积释放热量和水汽可能吸引台风在地震活动构造带附近登陆。

(4)地下断裂带提供地下物质和能量上涌的通道即广义的“烟囱效应”

地球表层是一个具有耗散结构的开放系统,“非平衡是有序之源”。非平衡条件下形成的有序结构,必须不断地与周围环境交换能量和物质;它还是一种自组织现象。

傅承义院士认为岩浆活动是提供物质迁移的一个具体例子,这个设想与断层成因是互为补充的,两种机制的重点差异在于地震能量的来源。按照断层成因,地震能量完全来自岩石所积累的应变能。按照岩浆成因,则还需加上岩浆的能量,特别是热能。

在大地震的孕育过程中不仅有力学过程存在,同时伴随有热、电、磁等物理化学过程。在震源体内及其前兆异常场区域中,由于上地幔深部流体活动,可能有由地下放出的热能、电磁能、化学能以及载热、载电的物质流上升到地表,都可能造成低空大气的异常现象,起着“烟囱效应”。断裂带提供气体上涌的通道。2007 年 3 月 1 日早上,中国“大洋一号”船在西南印度洋 2800 m 水深处发现新的海底热液硫化物活动区域，冒出黑烟，活动的热液区直径约 100 m。

(5)地球幔汁排气作用假设

1987 年杜乐天提出幔汁假设。地幔流体排气作用是形成自然灾害群发的根本原因。1993 年提出地球五个气圈说：外地核气圈、上地幔气圈、中下地壳气圈、上地壳气圈、外层大气圈。1999 年，总结地球排气 13 种自然灾害效应。气体从深部渗入地壳低速带中而使其膨胀，几十万、几百万平方千米面积低速体膨胀力会使其上覆脆性岩块在闭锁区很容易发生破裂导致地震。

(二)国外研究现状

国外关于灾害链的研究主要是在地震—海啸、地震—火灾关系研究。1979 年美国 Li Shenghuang 研究了加州气象异常与地震关系。1986 年前苏联学者穆·勘·米利斯克(Милъский)研究了土库曼和乌兹别克地震前水文气象前兆，也肯定地震前出现大旱的事实，都没有用于实际预报。

(三)灾害链综合预测研究中的几个实例

(1)1975—1976 年旱震链：海城和唐山大地震

1972 年耿庆国发现 6 级地震前一至三年半内震中区是特旱区；7 级地震旱区面积为 43 万 km^2，1972 年华北地区出现几十年不遇大旱，旱区面积 113 万 km^2，足以发生 2 组 7 级地震。其中辽宁锦州—岫岩、河北唐山地区、石家庄—山西忻县为特旱区。这一观点为 1974 年国务院 69 号文件所采纳，明确要求“加强有关地区的协作，成立京、津、唐、张和渤海地区两个协作组”，为 1975 年海城、1976 年唐山大地震所证实(图 2、图 3)。

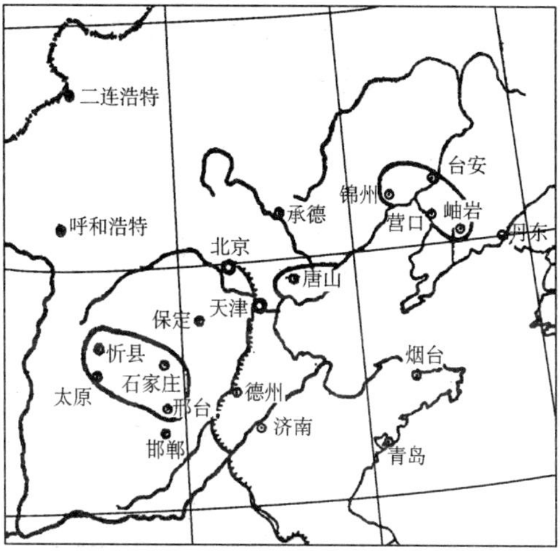

图 2　旱震关系预测的海城、唐山地震位置

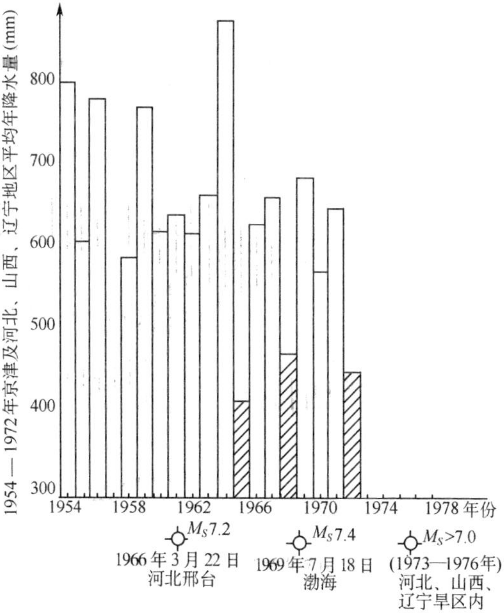

图 3　京津冀晋辽降水量与地震

(2)1991 年旱震、震洪链：缅甸大地震和江淮地区大洪灾

1990 年按旱震关系预测：1991 年将在滇缅地区发生 7 级以上大震。1991 年 1 月 5 日缅甸曼德勒北发生 7.5 级大震。再据震洪链预测 1991 年汛期长江或珠江可能会发生大洪水。其机制是震后扰动在大范围内有地下携热气体逸出，造成低压环境，使孟加拉湾向中国输送更多水汽，北方冷空气南下及西太平洋副高位置相配合。

(3)1998 年海气链：水文天文结合和长江、闽江、珠江洪水预报

按厄尔尼诺效应等方法预测 1998 年长江和珠江巨洪；以西南气流强劲和超长云带理论预测 1998 年长江、闽江大洪水。天灾预测委员会事前将预测意见呈报国家和地方减灾部门。

(4)2001 年及 2003 年旱震、震洪链：青海巨震与黄河中下游洪水遥相关

1999 年新疆、青海出现大面积旱区，当年 11 月依旱震关系提出 7～8 级地震中期预测，2001 年 11 月 14 日新青交界昆仑山区发生 8.1 级强震。据蒙新甘青地区的震洪遥相关分析，2002 年 4 月提出：昆仑山区 8.1 级强震后 1～2 年内，黄河中下游流域汛期可能出现大洪水。2003 年汛期黄河中下游和渭河流域发生水量大、雨期长的大洪水。

(5)2005 年震洪链：印尼大地震和中国西江大洪水

据 1915 年西江洪水与 1912—1914 年缅甸、云南、安达曼海 7 级地震有关研究，2004 年 12 月印尼苏门答腊发生 M_W 9.3地震，断层破裂长度 1300 km，到达安达曼海域。震后预计会向珠江输送大量水汽，2005 年 3 月 26 日王涌泉向中央领导写信反映珠江可能有大洪水。5 月 19 日“973”计划联合办公室致函王涌泉，欢迎就此课题申报项目。6 月 17—23 日西江发生 200 年一遇大洪水。6 月 11 日西南暖气流全部覆盖印度洋孟加拉湾、安达曼海，13 日向东北方向发展，15 日到达广西境内，17 日显示暴雨条件已具备，24 日西南水汽流移出广西。这一过程可能显示印尼震区排出的大量水汽，已加入了西南暖气流。

(6)2008 年震洪链：汶川大地震和四川暴雨

2008 年 6 月 29 日至 7 月 1 日，主题为“地震和暴雨洪水的震洪链机理和对策研究”的中国科协第 22 期新观点新学说学术沙龙上，高建国根据 12 个震洪链的地震—洪水时间间隔统计，汶川地震造成的洪水影响至少在 2008 年 9 月 3 日至 2009 年 7 月 27 日。实况是：2008 年主汛期四川省无大雨，9 月 23 日 08:00 到 24 日 07:00，北川县普降暴雨，其中擂鼓镇降雨 104 mm，唐家山区域降水 194 mm。暴雨引起泥石流袭击，已造成 14 名群众失踪。唐家山堰塞湖也因泥石流堵塞泄洪槽，水位已上升 5 m。

必须指出的是，2004 年苏门答腊发生大地震之后，国内震洪链研究专家认为会在西江出现较大洪水，因此王涌泉向中央提出建议，希望开展这方面的研究，信批到科技部，973 项目办还答复了让我们申报，我们就开始了申报 973 项目的过程，到 2005 年汛期西江真的出现了特大洪水。我们连续三年申报 973 项目，却三年都没有通过；因为评审专家都是单一学科的，对我们自主创新开展的多学科交叉研究，很不理解。

汶川地震发生之后，在中国科学技术协会学会部支持下由高建国教授主持了一个沙龙，这个沙龙里面提出来汶川地震之后也要注意在 2008 年 9 月以后到 2009 年这一段时间，是不是也要对黄河或者相关的领域注意是否有洪水。

创新与特色 我们这项研究为什么要开展呢，我认为灾害链综合预测研究是我国科学家群体的自主创新，而且是原始创新，是国外没有的，希望能得到中国科学界同仁的理解和支持。

另外中国科学家强调地球放气现象在灾害链当中的作用，这是很重要的，这是巨灾和灾害链产生的重要机理特征。现在搞城市化，一种灾害很容易触发另一种灾害。我认为继承和发扬信息预测理论体系，对开展城市群的灾害链研究，是很好的途径。

我们曾经在 1983 年、1986 年、1998 年在中国科协钱学森主席的支持下召开了三次全国天地生相互关系学术讨论会，给出了天文地质学、天文气象学、地震气象学、天文地震学和历史自然学这些学科最初的成果，也开展了多层次、多学科的交叉。当时钱老写信给高建国跟他讲：只有通才不行，要团结成为大通才。

总之，开展灾害链研究对减轻我国重大自然灾害损失、构建和谐社会、保障人民生命安全和社会可持续发展，都是非常有意义的一桩大事。谢谢大家。

主持人高建国：原来要请孙加林研究员作报告，现在稍微等一下，因为周元副主任部里面还有事，请周元副主任给我们说几句话。

周元副主任

周元(中国二十一世纪议程管理中心副主任):

非常认真地听了前面几个报告,我觉得还是很感慨,一眼望过去确实有一些年轻的同志,此外,相当一部分都是老专家,在这样的条件下,大家在得到很少支持,甚至没有支持的情况下坚持着地震或者灾害预测的研究,之前耿教授说现在用退休工资支持他的研究工作,从这个角度看非常令人感慨。

我今天听了报告之后,认为在座的各位是非常重要非常好的群体,我代表二十一世纪议程管理中心,也代表创新方法研究会对于这次研讨会的召开表示祝贺,也对长期以来专注于我们国家灾害预测方法的研究和实践的学者表示感谢(以下内容略)。

主持人高建国:周元副主任的讲话给我们很大的鼓舞。周恩来总理在1966年邢台地震后说,地震预报在这一代人就要放异彩。我想灾害预测的希望还是很大的。周主任给我们提出来一个要求：只有出彩，才能够使我们工作有所推进。确确实实通过前四天的会议，还是增加了很多信心。

主持人高建国：下面请孙加林研究员报告。

◎ 地震短临预报六项有用技术

孙加林研究员

孙加林（内蒙古自治区地震局）：

我报告的题目是《对中国地震预报现状与未来的再思考》，讲四个问题。

2004 年 12 月中国地震局在北京香山隆重召开地震预报发展战略研讨会，本人在大会上作了《对中国地震预报现状与未来的思考》的报告。在这个报告中，本人将我国地震预报实践划分为四个阶段，即“1966—1976 年”、“1976—1988 年”、“1988—2001 年”、“2001 年到现在”。认为 2001 年昆仑山口西 8.1 级地震是我国大陆一次极其重大的地震事件，它的发生预示我国大陆将面临新的严峻地震形势，预示我国地震预报实践第四阶段的开始，“人们翘首期待我国地震预报新的辉煌，但可能存在两种前途，即进展更快一些，或者是变缓减慢”。

2008 年，震惊中外的汶川特大地震发生，造成近 9 万同胞遇难，8500 多亿元直接经济损失，这是世界地震灾害史上之最，2010 年 4 月 14 日又发生玉树大地震，但地震部门在两次震前均既无短临预报，也无中期预报。两次大地震的灾难和悲剧告诉人们，我国地震预报在 2001—2010 年不仅是“变缓减慢”，未能再创“新的辉煌”，而且暴露出我国地震预报的诸多问题，在预报各环节存在严重软肋。2001—2010 年是中国地震预报实践中充满艰辛、痛苦、教训的第四个阶段。

（一）客观评价我国地震预报的水平

自 1975 年海城地震预报成功以来，“我国地震预报处世界领先水平”成为对我国地震预报评价的常用语，并认为“地震预报难是短临预报难，我国中期预报还是很准的”。对全国年度会商会地震危险区判定的评价，是采用 R 值评分方法，有的年份达 0.4 以上，尤其 1995 年孟连地震、1996 年伽师强余震、1999 年岫岩地震做出一定程度预报后，地震系统，尤其领导层普遍滋长了过高估价我国地震预报水平的倾向。

2008 年汶川 8.0 级特大地震发生后，地震系统专家和领导频频在媒体上阐述“大地震预报难”，甚至大地震不可预报的观点，有的媒体说“中国地震预报是在走江湖”，有的说“海城地震预报是瞎碰的”，这些观点和言论又走向否定地震预报的一面，真可谓从一种倾向到另一种倾向。

1996 年本人在《国际地震动态》上发表文章指出“我国地震中期预报报准率为 20％～25％，短临预报报准率在 5％之下”；“所谓中期预报较准，那是没有时间概念的准”；“实际上中期预报要难于短临预报”；“全国年度会商会提出的中期预报效果较好的地区是在滇西及新疆天山一带，因为那里年年有 5 级以上地震发生，并年年列为年度全国地震监视区”；所谓的 *R* 值评分方法并不科学和全面。在另一篇文章中指出：“孟连地震、伽师强余震、岫岩地震等，虽然有一定程度预报，那是已发生首发地震或前震，是在未来强震地点已确知的前提下的预报，难度已大大降低”。2008 年汶川 8.0 级、今年玉树 7.1 级两次大地震预报均失败，再次证明我国地震预报水平还是不高的。

但是，地震是有前兆的，是可以预测预报的。在各方面工作做得好的情况下是可能成功预报的。尤其一些特殊的地震预报方法和技术在每次强震前均有不同程度预测预报，汶川特大地震也是如此，这是已被实践检验证实的客观事实。“大地震难以预报”的观点、“汶川大地震前没有任何单位和个人提出预报意见”的说法是没有根据的。

(二)汶川大地震前各时段预报缺失的主要原因及其实质问题

(1)地震大形势的错判

2006 年 12 月召开的全国地震大形势研讨会提出“2007—2009 年我国大陆发生个别 7 级以上地震的可能性很大，但震级大于 7.5 级的可能性较小”；2008 年元月召开的 2008 年度全国地震趋势会商会认为“2008 年全国最大地震为 6～7 级”，多数专家认为“我国地震活动进入一个新的平静期”。这些判断出现了根本性错误，2008 年大陆地震活动实况是几十年来少有的强震空前活跃。这个错误结论是怎么得出的呢？是《报告》研究者和组织者过于看重数理统计方法，仍然依据惯用的统计、类比加外推的预报思路。

本人在 2002 年提出“昆仑山口西 8.1 级特大地震是中国大陆百年尺度新的 8 级特大地震活跃期开始的首发大地震”，“在 10 年尺度上大陆仍有 8 级大地震发生”，其主要依据是 7 级以上大地震的活动图像演化及东北 7 级深震与大陆 8 级大地震对应关系得出的；本人认为“2008 年是我国大陆地震活动转折年”，“中国大陆将于 2008 年前后进入新的强震活跃阶段”，是依据地球自转速率变化和太阳黑子活动资料。

地震大形势判定、地震活跃期开始与结束的具体时间及最大地震何时发生等均是科学难题，说到底是地球动力学问题，很大程度取决于各种地球动力学因素的叠加综合作用，其结果是多层次的，地震预报部门尚未能从本质上把握和定量分析。

(2)地震基本烈度区划图上的低烈度

汶川大地震的震中区烈度为 11 度，但在我国现行的地震基本烈度图上，汶川、北川地区均为 7 度，这是汶川大地震造成如此巨大灾难的主要潜在原因。为什么 50 多年来我国大陆发生的三次最大地震——唐山特大地震、昆仑山口西特大地震、汶川特大地震，均发生在地震基本烈度图上低烈度区呢？

事实上，近 30 年来大陆内发生的大多数地震基本上都是发生在历史上不曾发生强震、现今又无明显断层活动的地点。这是值得彻底深思的大问题，这也是我国地震预报的第一个软肋，它对我国中长期地震预报思路产生误导。

(3)中期地震预报的根本缺失

汶川大地震前,中国地震局、四川省地震局及全国地震趋势会商会均无中期预报,2000 年以来公开发表的 100 余篇论证南北地震带强震危险性的文章及“九五”、“十五”重大科研项目均未发现或直接否定龙门山断裂带存在强震发生的可能,这是地震界对龙门山带数年尺度强震危险性判定的根本缺失,说明我国中期地震预报的理论和方法在科学上存在重要的纰漏,也说明中期地震预报是我国地震预报的一个瓶颈,这是第二个软肋。

我国地震中期预报主要依据有两条,一是震前数年至一二十年中强中等地震增强活动,二是地形变观测出现明显转折或加速异常变化,但汶川大地震前这两个主要指标均未出现。汶川地震是 8 级特大地震,它的震兆前兆异常存在超大时空特征,对此地震预报人员无经历、无经验,故把闭锁段的种种“平静”,视为正常状态,把外围地区种种震兆前兆异常分别交代给南面的川滇交界地区,西面的东昆仑带,北面的甘东南地区,对 8 级大地震超大时空异常特征却视而未见。

汶川大地震前,旱一震理论提出者耿庆国研究员在 2005 年、2006 年、2007 年三次提出川甘青交界的阿坝、陇南地区存在发生 7.5 级以上地震的预测意见,这是很好的中期预报意见。但《汶川大地震科学总结》却不认可这种旱震异常和这个有价值的预报意见。

汶川大地震前,地震系统没有发现和重视中期震兆和前兆异常,令人震惊,也是真实的事实,再次说明到目前地震部门对强震的中期预报尚无有效的方法,其理论基础尚需探讨。

(4)短临预报的困难和工作上的失误

短临预报的困难

进入2008年,地震系统仍未发现汶川大地震的明显短临前兆,也未作出短临预报,但在震后的《汶川大地震科学总结》中,还是认定存在一些前兆异常。四川省地震局总结指出全省定点前兆观测的总测项数为296个,出现中短期异常为15个,异常比例为5.1%。中国地震局监测司的《科学总结》给出南北地震带的形变、流体、电磁三学科异常统计,在300 km范围异常比例也为5%左右。此结果与无地震时前兆台网异常本底数相当,此种情况是无法预报地震的。"七五"预报攻关总结给出,华北及川滇地区5级、6级、7级左右地震前,前兆异常项数占台网观测总项数的比分别为11%、15%、18%左右,但汶川大地震给出相反结果。

几十年地震预报实践总结出一条地震短临预报的科学思路,即大震前短临阶段,前兆异常出现群发和突跳为主要特征,各种前兆异常频度猛增,并有向震中区收缩集中的现象,由此提出"场—源"理论,"场上监视,以场求源"。但汶川大地震表现出震源区的前兆异常远少于外围地区,这个事实揭示的汶川大地震前兆场特征是对"场—源"理论的挑战和否定,还是对我国目前前兆台网和监测能力的质疑?值得进一步探讨。

汶川大地震前,地球所钱复业研究员的新型地电仪、北京工业大学李钧之教授的次声波观测,某公司孙威高级工程师的沙层应变仪等均记录了汶川大地震短临前兆异常。他们坚信他们的仪器是记录了强震前的真实震源异常信息,这种前兆信息不受传播路径干扰和吸收。而目前我国前兆台网大部分台站记录的前兆数据，实际上是台站附近地壳岩石中应力应变变化引起的该处物理参量变化的数据，并非地震孕育或失稳状时的震源信息，它与震源过程无直接关系，这些前兆手段又极易受各种外界因素干扰，这是我国地震预报的第三个软肋。

短临预报的工作失误

汶川地震预报失败，最根本原因是科学水平问题，尤其是地震形势的错判、中期地震预报的缺失。但进入 2008 年 1—4 月，情况就不同了，龙门山断裂带出现一系列的宏观微观前兆异常现象，如，市县级地震部门已核实的 7 起宏观异常报到省地震局；中小地震出现有序活动，先后出现断层两端 4 级地震增强发生、小震群北东向迁移、前兆震群、前兆地震、通过未来震中区的北西向小震条带、震中区发生紫坪铺水库诱发震群；一大批台站前兆出现短临突跳；还有此时段有不少群众、学生感觉到人感地动及 3 月 21 日新疆 7.3 级地震诱发汶川县 3 起山体大滑坡已造成人员死亡和财产重大损失，等等。临震异常大都出现在 4 月份。

面对如此丰富、有序的短临异常现象和紧迫的震情，地震部门依然无语，未能做出正确综合分析和判断，这不再是科学水平问题，而是对工作态度、分析水平、决策能力的一次残酷的检验和考核。考核的结果近乎一张白卷。

(三)汶川 8.0 级特大地震的特殊性及认识上的欠缺

汶川大地震具有很多人们从未经历和未曾认识的特点、特征。我总结出 12 个，因时间关系不说了，仅讲两个吧。

第四，汶川大地震发生在长期以来处于闭锁状态的龙门山断裂带上，多年 GPS 和跨断层形变测量证实，该带的年滑动速率近乎为 0，横向压缩小于每年 0.05 cm，而巴颜喀拉块体向东滑动速率为每年 5～8 cm——这是地震部门曾以滑动速率大小判定活断层、判定潜在震源区的一个反例，而是对郭增建教授的孕震组合模式理论的支持。

第十，2001 年昆仑山口西 8.1 级大地震发生后，中国大陆下一个 7.5 级以上大地震最大可能发生地点在哪里？地震界多数专家认为应在沿东昆仑断裂东延的库—玛带上。因为 8.1 级大地震是左旋走滑错动，必然造成巴颜喀拉地块加剧继承性向东运动，与此同时，在库—玛带上也恰存在一个清晰完整的 5 级地震空区，但 2008 年一个 8.0 级大地震没有在预测的库—玛带上发生，是在与昆仑 8.1 级大地震相距 1000 km 的北东向的龙门山断裂带发生——许多地震专家疑惑不解，这是为什么？何为特殊性？特殊性就是未被真正认识的事物出乎意料地表现出非一般的一些特征。

(四)实现地震预报的希望在于短临预报

地震预报在长期、中期阶段都是报不准确的，将永远是概率较低的概率性预报，唯独短临预报是最有希望攻克的。因为强震孕育到短临阶段，断层处于失稳状态，过程已是不可逆转，外界触发因素将起重要作用，能否做出预测预报的关键是能否抓住临震前必震前兆信息。

有没有必震前兆信息？回答是肯定的，强震前震源处发出的信息就是必震前兆，问题是采取什么技术手段去获取它。目前我国地震台站记录的大部分前兆数据，实际上与震源过程无直接关系。采用高科技千方百计开发抗干扰强或者根本不受干扰,并能直接捕捉震源信息的观测技术和观测仪器,是实现短临预报的关键。

那么,哪些观测对地震短临预报真正有用呢?

(1)强震前,声发射是广泛存在的临震前兆信息,大量有价值并能传播很远的是次声波,即长周期的低频波,我国地震专业系统 30 年来放弃了这个领域的探讨,现应加大对声发射的开发研究。

(2)强震前,地脉动、人感地动、蠕动、慢地震等都是断层激烈活动的直接证据,要开发相应的观测仪器。这方面,在中国很早就有发现和认识,但在实际应用上已经落后了国外。

(3)强震前,断层激烈蠕动、预滑,造成地磁场、地电场、地温、地气等急骤变化,已有人发现的地电前兆波、应力重力波、电磁波脉冲、长波辐射、热红外、水质水位畸变、气象临震 5 项指标等,这些信息可能就是我们期待的部分强震必震信息。

(4)强震前,前兆震群、小震异常活动、直接前震是强震将发生的直接信号,已开展的加卸载响应比方法是很有前途的研究方向。

(5)强震前,震中区附近出现各类动物生活习性异常变化,下功夫开发研制能模仿动物接收此类信息的仪器,加大观测研究,这项有益的工作地震部门放弃了 30 多年。

(6)强震孕育到最后时刻何时发生,往往是外界触发因素起关键作用。月相引潮力共振、地—气耦合、磁暴等是重要的触发因素,继续深入开展相应方法研究十分重要,但各级预报部门忽视此项工作。

地震预报首先是一门观测科学,不能等待所谓理论上的突破后再在观测与实践上下功夫;相反,只有观测上有了根本性突破,才会有理论上的进展。所以中国地震界应转变观念,调整科学思路,改进技术方法,紧紧抓住地震观测这个根本,下大力气改变目前我国地震台网前兆观测现状,迎接地震预报探索的历史新时期,实现地震短临预报并非遥不可期。

最后结束,我再念一段话:2009 年 4 月我国地震界完成了《汶川大地震科学总结和反思》,现又发生玉树大地震,这将成为中国地震预报的一个新的转折点,开启了中国地震预报事业历史上第五个新时期。但前途依然存在两种可能性。

第一种可能性,长时期摆脱不了汶川大地震预报失败的阴影,"大地震难以预报"、"大地震不可预报"逐渐成为地震界主流观点,地震预报,尤其短临预报在中国开始弱化、淡化,外系统一些单位和个人跃跃欲试,积极从事地震预报的尝试和实践,中国防震减灾事业走向缺失地震预报的震前御防和震后救灾的路。

第二种可能性,通过汶川大地震的深入科学总结,全系统深刻反思现行地震预报的科学思路、技术途径、工作方针、队伍建设中存在的问题、漏洞、缺欠,坚定"地震是有前兆的,地震是可以预测预报的"的科学信念,面对困难和挫折,振奋精神,团结一致,坚持科学发展观,制定新时期防震减灾和攻克地震预报的发展战略、规划,动员全系统的力量和智慧,广泛采纳不同学派不同观点的不同预报技术和方法,坚持多路探索和两条腿走路的方针。灾难兴邦,失败是成功之母,遵循已故周恩来总理的教导和嘱托,中国人再次踏上攻克地震预报之路,决心在地震短临预报方面有重大突破,为人类做出中国人的贡献!"7.28""5.12""4.14"绝不能在中国再重演!! 谢谢!

主持人高建国：下面我们请严谷良副司长给我们讲话。

◎ 地震预报科研的发展

严谷良副司长

严谷良（国家发展和改革委员会原副司长）：

上次已经讲过了，基本上还是这些。我再重复一下，当时提了三个问题，总的来说，这个问题一定要提出来，到底科技领域怎么样贯彻落实科学发展观，因为科学发展观按科学来设分类的。如果你这个科学的方向根本不对了，后面办事肯定砸了，因为方向都错了。当今地震预报科研领域，我认为是非常突出的失败的典型，这个问题是在历史上需要沉痛总结的东西。

第一个问题，地震预测的水平是提高了还是下降了，那天我把这些讲了一下，现在就要回答哪里是提高了，哪里是下降了。我认为在地震预测的学术界水平在提高，队伍越来越发展壮大，新的手段不断地涌现，这不是在发展、前进、提高吗？而且有几项技术如果正确的支持、利用，应该说基本上能够正确预报。行政部门的落后跟地震预报技术前进奋斗的精神正好形成一个严重的反差。

第二个问题就是管理水平是前进了还是倒退了，我们完全可以看出是严重倒退，无论是方针、导向，从责任心上来讲，将来历史上讲起来都是很沉痛的，多少人的生命财产，就因为管理上某些人，某些手段，或者是一些政策定得不符合科学发展的要求，可以说阻碍了科技是第一生产力的发展，科技不是还要改革吗？改革什么呢？改革就改革这个体制，不改革是确实不行的。

第三个问题我讲了地震预测的科研条件，是不做还是没有做好，没有用到刀刃上，很明显现在经费上国家是充分支持的，一个五年计划可以给 27 个亿的投资，过去是不可想象的。行业基金一年三千万，除了正常申请科技部的项目以外，财政部另外单独给了行业基金一年三千万，这也不少了，你行业里面可以自已用，自己定的。应该说按道理来讲，现在的条件是相当好的，可以做工作，但是没有落到预测水平突破的地方、有几十年经验、有了技术上攻关、有制度重大创新的人的头上。

下面我就回答一个问题怎么办？不是我来解决，只是我想的馊主意。现在有一条要解决就行，就是地震预报谁能预报这个钱用到谁头上去，你行政部门现在这么多年证明你不能预报，事实也好，你的指导思想也好地震不能预报，实际结果也是屡战屡败，行政部门出资叫公共财政，我们的体制说只能用到公益单位，研究所也好，大学也好，不管做出来还是做不出来每年都有钱可以申请。这些学术部门清水衙门，这是中国科协的中国地球物理协会下面的天灾委员会，学术部门又拿不到钱也不可能申请课题，这样一种体制，当然不是说每个行业都这样，有一些行业能不能来一点突破呢？我觉得可以学学小岗村包产到户，那个是政治问题，把田分下去大干，政治方向的问题。现在我们这些学术机构如果有这个能力来预测，来预报，公共财政经费为什么不可以用到学术机构呢，这些能预报的老同志，年轻的也在上来，很多老同志还是主流，大家有经验的还坚持拿退休金搞科研，为什么不能给他经费，为什么要限制他参与这些项目。这些政策上资金流向要改变，怎么办呢？可以向财政部反映一个要求，你每年给地震局的三千万的行业基金，这是行业的，而不是说公家研究单位可以拿，能搞地震预测的都可以争取。我看科学越搞越细，细到岩石什么成分，然后放热量多少，这些基础的是要搞，但是基础研究的目的是为了结合应用，应用上这么重大问题摆在面前你不去面对，不解决，搞前面的东西不现实。我认为可以要求，咱们也可以去跑，让财政部把行业基金留出一点，以前没有搞这几年在试点，我们也试点给学术部门一点怎么样。这个事情中央整个部门解决最好，如果不解决先把这一块攻下来。

这是前面提出三个质疑以后，我认为不能老是这么开会了，高建国申请了“973”几年还没有落到头上，无缘无故地被否定了，刚才科技部的同志也很感慨，因为他不是直接抓这个，直接抓的是科技部的社会司，社会司也是管地震的，我过去找他过，也挺熟的，他不来。这样的话不是这个政策部门的不管你能不能预报都不给你经费支持，而没有经费支持，刚才科技部老周提的是对的，你拿出一个捅到上面去，上面说这个报得好以后要解决，现在第一步最好能解决这个。

现在想预测可能还差一点劲，但是不管怎么样这个事不搞，在历史上是犯罪的行为，你这些部门早晚会被算帐。我们的责任是拿出东西，越搞越准，特别是临震预报。在来的时候车上聊，你把宏观异常好好地收集，尤其是临震以前震中区大量宏观的异常，这都是非常明显的，而且大家可以检查一下这么多地震预兆都有就是地震信息了，宏观的微观的结合，理论跟实践的结合，从机理上跟信息的判断检测结合，这些结合起来在中国不是说偶然报道以后，而是确实能够基本上掌握，掌握这个规律，特别是大震基本上能够拿住。

当时汶川就那么一个台工作，四个台三个台仪器坏了没有人维修，就因为震中交不出来。如果有几个台，华北也好，南方也好，北方也好都有几个台，几个台震中就交出来了，而且这个时间都非常准。有差那么一口气吗，这是什么呢？并不是他们不努力，而是整个晚上都没有睡觉，就是因为要给科研创造必要的条件，中国搞电子对撞机搞来干什么，搞基础研究，你基础研究搞怎么对撞，没有这样一个装置怎么样对撞呢。像这些东西如果真正认识到科技的重要性是第一生产力，是为经济社会发展的支撑甚至于将来是引领经济社会发展的原动力，前面这些本来是小事，本来是小钱，没有战略眼光，没有这个魄力来支持，这样效益也是出不来的。

我们有一些钱解决新的能源、农业、水的预报、地震预报就很好了，我认为中国发展当中最薄弱或者说软肋就是科学技术重大的创新，不发明几个重大发明创新也好，我们社会稳定等都很痛苦的。我还是本着来学习的目的，我认为会要开，也得实际行动。这次一定要拿下来攻下来才好，谢谢。

主持人高建国：严司长曾经在三十多年前帮助了当时还没有成名的袁隆平、王选，他们当时还是小人物，现在成为大树了。由于我时间没有控制住，现在已经到了下一段的起点了，我们把讨论放在下一个环节，现在休息 10 分钟。

主持人张启文(国家海洋环境预报中心研究员):大家下午好,下面有四位教授发言,每位教授15分钟,最后3分钟提示一下。下面首先请徐杰教授作报告,他的报告题目是西南地区与华北地区两头跳的地震地质解释。

◎ 华北和西南地区地震互动性

徐杰研究员

徐杰(中国地震局地质研究所):

各位专家,我第一次参加这样的会议,看到大家白发苍苍的,大家高度的责任心和事业心让我深深感动。地学和医学一样是一门实践的科学、经验的科学,所以真正是"姜是老的辣"。为此我希望严谷良司长充分支持他们。

多年来大家研究地震活动的时候都发现华北和西南地区有"两头跳"的现象,为什么呢?能不能从地质上找到依据?

我收集了一些资料并作了初步分析，现在向大家汇报一下。我报告的内容：(1)中国大陆现代构造应力场分布情况；(2)中国大陆现今地壳运动状态；(3)印度板块向北推挤是我国现代地壳运动的主要动力；(4)华北和西南地区构造活动相关性的分析；(5)讲一下汶川地震的发震构造。

我国西部受印度板块向北碰撞推挤作用，东边有菲律宾海和太平洋板块俯冲推档的影响，故地震活动非常强烈。这是根据大量震源机制解 P 轴资料编的我国现代应力场压应力分布图(图 4)。我国现代构造应力场压力迹线分布表明，压应力方位不是杂乱无章的，具有统一性。我国西部地区压应力轴为近南北向—北北东向，往东到东部地区自北而南渐转为北东—北东东—东西—南东东向。这是根据 GPS 资料编制的一张现今地壳运动速度矢量图。总体上，喜马拉雅山前运动速率最大，平均可达 40～42 mm，运动方向是北东 20°，向北运动速率逐渐递减。我国东部，东北地区相对较稳定，华北和华南地区向东运动，速率由西向东越来越小。根据上面现代构造应力场分布和现今地壳运动状态可见，我国大陆现代地壳运动的动力源主要是印度板块向北往我国西部青藏地区推挤。

在印度板块推挤作用之下，青藏高原地区地壳增厚隆升，高原西边是中亚大陆，地壳内围限压力很大；我国东边是太平洋，边界约束条件较弱。因此，高原东部被挤出的块体往北东—南东方向滑动。鄂尔多斯和川滇两个构造块体好像是青藏高原东缘被挤出向东滑移的“两条腿”，如果它们一起移动，阻力太大，交替移动则省力，因此它们会交替地积累和释放应力。地壳运动和构造发育都遵循最小耗能原理(图 4)。

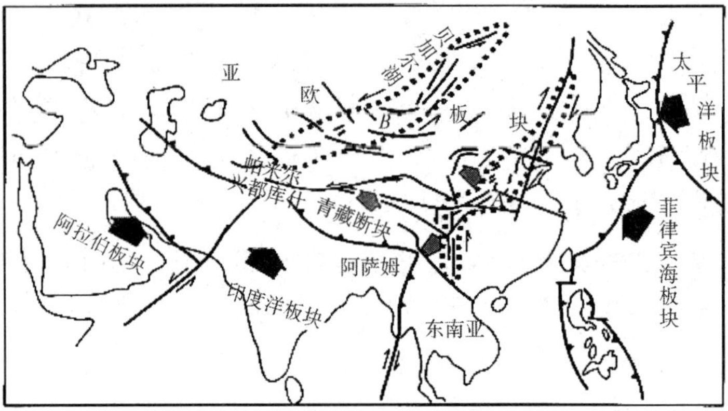

图 4 中国大陆现代构造应力场分布

A:沈(阳)—西(昌)—昆(明)断裂构造带;B:纳利夫金断裂构造带

向北推挤的印度洋板块,其北缘有 2 个顶角分别位于帕米尔和阿萨姆,形成 2 个构造结。这是构造作用最强烈的地方,产生巨大的剪切构造应力作用。对应帕米尔形成北东向分布的纳利夫金左旋剪切构造带,它直到贝加尔湖,是中亚地区一条重要的地震构造带。对于阿萨姆似乎也应有一条与之相应的贯穿华北和西南地区的构造带。尽管由于青藏高原东部块体被挤出向东滑动的叠加改造而使该带失去了完整性,但这一重要的动力因素是存在的,是不能忽视的。基于这两个原因,所以我们认为华北和西南地区构造活动有它内在的联系,它们的地震活动彼此之间是相关的。

下面向大家报告汶川 8 级地震发震构造的研究。大家知道,发震构造是孕育和发生地震的断裂构造,它是地震研究的核心问题,有关地震的其他研究都是建立在发展构造认识之上的。汶川地震之后很多研究者认为,这次地震的发震构造是龙门山断裂带或者其中的映秀—北川断裂。我们通过研究认为，汶川8级地震的发震构造不是龙门山断裂带，而是沿龙门山断裂带新产生的地壳深部断裂带。

这是龙门山区地质构造演化剖面，左边是松潘—甘孜地区，右边是四川盆地，中间是龙门山山区。中三叠世末期的印支运动，羌塘、东昆仑和扬子陆块的碰撞，形成松潘—甘孜造山带，在其东南缘形成龙门山褶皱—冲断带，它往东南推覆到扬子陆块。白垩纪—古近纪扬子陆块相对松潘—甘孜地块（前期造山带）往西北陆内俯冲，形成龙门山造山带。中新世中期起，位于青藏高原东缘的松潘—甘孜地块地壳增厚隆升并往东南挤向扬子陆块，其中，下地壳向扬子陆块壳下俯冲，龙门山区随之抬升成高原边缘的隆起带。而原先发育于上地壳的龙门山断裂带活动较弱。显然，后一阶段的动力学环境与前两个阶段明显不同。众所周知，一个地区当动力环境发生明显变化之后，地质构造发育对于先存的构造来讲，既有继承性，更有新生的特点，即有利用先存构造继续发育，也有不受先存构造控制而产生新的断裂。

汶川8级地震以后发生了几万次余震，重新定位的余震震中分布成窄长条带，有330 km长，它的东段与龙门山断裂带分布不一致。8级地震时形成2条近于平行的地表破裂带，沿映秀—北川断裂产生的主破裂带，其东部也偏离了中央主断裂。地震的高烈区都呈窄长条带状，9度和8度区东北部都往北离开了龙门山断裂带。据此，邓起东认为北川以东的地震事件与新生剪切破裂带有关。

20世纪80年代四川省地质局物探大队穿过龙门山区开展了一条深地震地壳测深和一条大地电磁测深的工作。一些研究者利用这些资料进行了地质解释。汶川地震后有些研究者进行了一些深部构造探测研究。这是我们综合分析前人研究成果并结合新资料编制的龙门山区岩石圈结构构造剖面。两张图用的基础资料不同,但反映的龙门山岩石圈结构构造的基本特征是相似的。

龙门山断裂带由三条主干断裂带组成。它们呈铲状形态,映秀—北川和灌县—江油断裂在 10 km 左右深度归并为一条断裂。龙门山断裂带发育于松潘—甘孜地块东南缘的上地壳并逆冲向扬子陆块,而地块的中—下地壳俯冲于扬子陆块地壳之下,上地壳的龙门山断裂带和中—下地壳的“俯冲带”共同组成“鳄鱼咀”构造,它主动吞食了扬子陆块。

汶川 8 级地震震源深 19 km,震源不在龙门山断裂带中,而在断裂带之下的扬子陆块内。由主余震震源分布范围表征的震源破裂体,也不在龙门山断裂带中,而分布于它下边的扬子陆块内。震源破裂与龙门山断裂带在深度分布上不一致的现象表明,汶川 8 级地震的发震构造不是龙门山断裂带,而是沿此断裂带新产生的地壳深部断裂。新生断裂产生的原因就是动力条件变化了。

我们在研究地质构造和地震活动的关系时,无论如何要注意,除了考虑继承性活动的老断裂之外,还要注意新生的断裂带,它们形成晚且形成时间短,地表反映不明显,但是有很强的活力。动力环境或者应力状态变化了,它的构造格局也要变化。除了继续活动的部分老断裂或断裂的某些部分之外,同时也产生新的断裂,当然也有老的断裂不活动,继承活动的断裂和新生断裂共同组成了新的构造格局。

我建议大家在研究地震与地震构造关系的时候,不仅要注意继承活动的断裂带，还要注意新发育的断裂带。丁国瑜院士在给我的信中指出，提出加强对新地震构造带研究的想法很好，也很有必要，能成为新生地震构造带的都是地震活动强烈的地带，研究它除了理论方面还有其十分重要的实践意义。我的报告完了。

郭增建：你说的震源破裂体是不是剖面图中虚线标示的？

徐杰：对。因为我没有其他的资料，把整个地震序列的震源分布范围作为包含主震破裂的震源破裂体，然后以其在剖面上的中线作为主破裂面。

提问：是不是跟帕米尔构造结相应的北东向纳利夫金断裂带，就是正在活动的构造带？

徐杰：是的。印度大陆向北推挤，西顶角产生巨大的左旋剪切作用，从而形成一条左旋平移活动的断裂带，它是新产生的，是中亚地区一条重要的地震带。

耿庆国：西南和华北地震活动"两头跳"，是不是新构造运动形成的？

徐杰：是这样的。我从两个方面考虑：一个是青藏高原被挤压的构造块体向东运动，鄂尔多斯和川滇两个块体像"两条腿"似的要一起往前移动阻力太大，所以就一个一个地推进，这样就可能交替进行能量积累和释放；另外一个原因，在阿萨姆顶角部位，也应有一条与之相应的串通华北和西南的北东向右旋平移断裂带，虽然青藏高原东缘块体滑动破坏了它的完整性，但阿萨姆顶角端产生的巨大右旋剪切作用这一区域动力因素不能忽视。这样，华北和西南地区构造活动有其内在联系，地震活动彼此应该是相互有关的。

郭增建：你说的是不是虚线标志的？

徐杰：对。因为我没有其他的资料，我把整个震源体然后与中线作为一个破裂面。

提问：你说是不是跟帕米尔角顶的，就是正在活动的带？

徐杰：这也有一个相匹配的带。

主持人张启文：感谢徐老师的报告，下面有请李世辉研究员作报告，他的报告题目是地震预测方法的作战指挥。

◎ 典型信息法

李世辉研究员

李世辉（中国科学院工程地质力学重点实验室）：

今天参加会议有一些老朋友，更多的是新朋友。我主要是来学习的。学什么呢？一句话，我把各位的集体成果，看成是中西文化互补、中体西用的一个集体的典型。这是我学习的主要目的。我到这里来讲点什么，有个原因，因为我是工程兵挖坑道的，坑道施工地质条件是随时随地变化的，军事工程不可能做一二十年的地质勘察，指到哪里打到哪里。这种情况下要想办法保证坑道不塌方，设计施工以后能用，施工能够保证随时随地不会塌方。这个问题能不能解决？在国外来说是不可能解决的，要等若干年之后的资料积累。本人初步解决了。解决的标志是什么呢？我提出的"典型信息法"的两种方法，一种用于设计，一种用于施工，这两种方法都列入了国家的军用标准——《防护工程设计规范》。

坑道工程工作范围比你们小，但是，预测灾害有一个全过程。经过了社会上数以百计的单位，全国各个系统的工程应用检验。

其后，从 1992 年我参加钱学森倡导的系统学讨论班，随后参加北大研讨班、天地生人学术讲座等，在此期间从文化上、从两种科学上来探讨这个问题。经过这些探讨以后，我认为：中体西用的、中国科学技术自主创新最有希望的、像四大发明一样在全世界领先的，一个是中医，一个是地震预测预报。中医现在暂时条件不是那么成熟，而在地震预报来说，在我来看，各位现在的集体成果，可以说基本成熟。但是，要像刚才周元先生所说的那样，具备几个条件，一个就是要团结起来。我们这里面是不是团结？有团结，又有一些不是很够。

综合多种方法，综合集成，每种方法各有恰当的位置。比如说刚才孙加林先生谈到，现在比较好的中期预报方法是耿庆国的旱震关系方法。起码海城地震、唐山地震，他当时圈了三个地区，圈中了两个。汶川地震他早就盯上了。还有各种其他方法等，在短临预报的确是功不可没。但是，每一种方法都有局限性，你要综合集成起来。

另外，要克服千难万险拿出东西来。不拿出过硬的东西，是没有办法说服人家的。这个过程本人经历过。

我在这个《灾害预测方法集成》上有两篇文章，从 205 页到 213 页。第二篇文章这里没有时间讲，我简单说两句。那篇文章标题是《地震预测排斥经验，违反系统科学》。在这里系统科学是怎么回事呢？我跟各位说实话，我是后来学的，用来包装的。我学的真本事是毛泽东军事思想，我用毛泽东军事思想指导，搞成了我前面所说的典型信息法的研究，和 20 世纪80 年代初到现在的实践检验。

典型信息法用毛泽东思想讲道理，到科学界是讲不通的。必须用系统科学来讲。我用系统科学来讲，首次公开发表在 1988 年，直到现在没有人能驳我。我用论文来论证地震预测，你们现在搞的这一套东西是真科学。真科学真在哪里呢？你们研究的对象是复杂系统，而现在的主流科学家们研究的方法、对象只能是简单系统，以物理学为代表的。简单地说，就是机理要完全清楚，参数完全清楚。而你们所研究的对象机理不清楚，参数也不清楚。

正像钱学森所说，你们研究的对象有很多层次，你连有几个层次都搞不清楚。你们的处境跟我以前研究的处境一样，这种问题用还原论肯定是不能预测的。郭增建先生说：自组织理论认定“地震不能预测”。其实它也有真理的方面。真理在哪里？他们应用物理学的机械论观点、还原论方法，肯定不能预测地震，永远是不能预测的。而我们的理论和方法，按照钱学森的归纳，前面提出来叫半经验半理论，后面提出来三个组成部分：一个是多学科理论，第二个叫做专家群体经验，第三个叫做各种资料信息和计算机技术。你们现在用的也就是这些东西。在这三个部分当中何者为主？如果用还原论来看，经验比较低级，一定要提高到理论上。但是从复杂性科学看来，居于统帅地位的是人的经验判断。你怎么论证这个问题？不客气地说，我论证这个问题没有人能够驳。我把复杂系统掐住两头：最复杂的系统莫过于战争，战争是人类社会科学里面最复杂的现象，双方是成群的活人，而且要相互保密进行你死我活的斗争。战争的决策历来靠指挥员的经验判断，各种数值的分析计算都需要，都处于低层次的。最低层次的复杂系统没有比非线性偏微分方程更简单。函数就那么两三个变量，然后几个偏导数。各种非线性偏微分方程至今有通解吗？没有，只有特解。特解靠什么呢？还是要靠人的智慧和经验判断去解决。我把两头都掐住，你的地震预测也好，我的坑道避免塌方也好，都不过是两者之间的一个局部，人的经验判断必然居于主导地位。

所以，不要小看经验判断。不要把自己搞的这一套说成“我还不够科学，我将来要向你们科学发展”。不是的。永远是这样：只要你研究的是复杂系统，你的意志、情感、经验都在里面，这些起关键作用和主导作用。我研究的典型信息法，典型的认定和创造是要靠人脑的，是要付出代价的，是有风险的，是要经过若干年，一二十年才能够验证的。信息指的是西方现代科学技术。这个是列入了国家标准的，列入军队规范的。

现在讲这个题目:地震预报决策方法恰如作战指挥。为什么用毛泽东思想观察地震预报难题?

第一,毛泽东思想是中西文化互补、中体西用的一个典型。有机会可以跟大家探讨。而且毛主席生前对此似乎不太自觉,毛泽东思想是以中国文化为主体的。

第二,毛泽东思想的核心是从整体上认识问题,抓住要害。这是钱学森的归纳。

第三,毛泽东关于指挥员判断决心的若干论述,这里不讲了。

地震预报与战争决策之异:打仗能够弱变强,人类在地震面前永远是弱者。防御性能否转化,地震预报永远处于防御地位。目的性不同,战争目的是消灭敌人保存自己,预报地震只是保存自己。有无主动地位不同,能否获取真切的情报不同,战争可以去卧底,地震卧不了底。我方是否保密不同,我们不用保密。其他如对敌宣传,这些都没有。

地震预报与战争决策之同:第一,都有突发性;第二,都有残酷性;第三,都有不确定性,这个不确定性是客观的不确定性;第四,都有模糊性,指在主观判断不可能很精确;第五,都有经验性,而且经验性往往居于主导地位;第六,都有概略性;第七,都有紧迫性;第八,都有两种防御战略,真防御还是假防御,各位搞的是真防御,某些单位那一套是假防御;第九,决策都必须权衡利害,没有绝对的利和害;第十,都必须统一指挥;第十一,都必须调动一切积极因素;第十二,其他相同点,比如说,都必须充分利用现代科学技术等。由此可见,地震预报与战争决策二者本质类同,应属因果类比。地震预报参用“在敌强我弱条件下防御作战决策方法”,其科学合理性就在这里。

地震预报难点何在？首先难在认识上明确“临震就是临战，必须用战时体制。”所以，周恩来地震工作方针首先是“在党的一元化领导下”。后来大家很忌讳“一元化领导”，觉得现在和平建设了。临战就是要党的一元化领导下，临震也是这样。

第二，实施地震预报体制改革。不改革，一切都是空的。但是，要改革正如刚才周元说的那样，先拿出点真东西来，大家团结一致。总之，大家各有优点，凡是优点突出的人往往有比较突出的缺点。所以，大家贵在有自知之明，要团结，我们把这个东西先报出来再说。谢谢大家！

主持人张启文：下面请任振球研究员作报告。

◎ 2010 年 9 月 20 日重庆滑坡预测案例

任振球研究员

任振球（中国气象科学研究院）：

过去我做大滑坡问题的研究。一般的滑坡主要是下暴雨，连续下雨容易产生滑坡。但是大滑坡、特大滑坡是大规模山体的垮塌，当天还必须有三星一线时的共振加压。云南有一年发生两次特大滑坡，损失非常大，都是当天遇引潮力共振加压,雨下大要有共振减压,雨大到一定程度再遇当天共振加压才可能发生特大滑坡。

我在三峡分析过两个例子,一是2001年1月17日1:20在三峡里面一个支流,6天共遇6个共振加压叠加。二是2003年7月13日在云阳东西长300多米、高500 m、厚度为5～18 m的整块岩体突然滑入三峡里面,这次滑坡非常大。

在2009年9月18日上午一次讨论地震会上,当时我只分析了北部的,南方没有分析。在会有人谈到南方,像重庆、西藏、新疆西边有一些地震意见我没有分析,回去以后我就连夜分析,一分析发现三峡遇到的共振加压非常多。在三星一线垂直边界线外都是加压的,带箭头的是引力波共振,它是有什么发展什么,对气象来说有高压发展高压,有低压发展低压。但是具体影响必须通过前面的共振加减压性质,跟着前面走的,前面是加压,它就起加压作用。

9月19日一早我就打电话给耿庆国,说三峡有情况,可能要大滑坡,在19日下午的紧急会商会上讨论时我作了说明。我说地震也考虑了。但是三峡区历史上没有6级以上地震,即使有地震是共振加压还是共振减压触发我不知道。那个地方历史上如果有地震,如果是由引潮力减压触发,那就必须由共振减压的异常叠加方可触发才对(图5)。这个前提就是说天文触发因子要结合当地的地质条件来做。

三峡建成以后最怕的就是大三峡里面的大滑坡,因为这会冲击三峡大坝,当然这方面湖北的中国地质大学有人专门研究三峡滑坡问题,他们后面会有介绍。

在这次讨论地震会上,一个是北工大有三个次声波测点指向这个地方,跟我的结合起来了。第二个,李钧之在讨论开

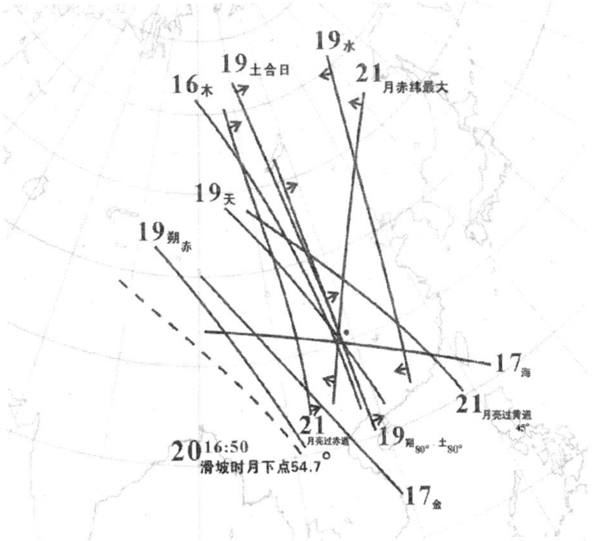

图 5　2009 年 9 月 16—21 日三峡区间遇到引潮力共振加压的异常叠加

始时也这样说。我在会上讨论还强调了为什么是报大滑坡而不是地震。会上 19 日下午 16:30 大家通过了一个预测意见，以天灾预测专业委员会名义盖了红章上报中央。当时用常规办法拿着送到中南海门口，我过去都是送给站岗的武警，我说要进去送，他不让，我说这是地震，他问在哪里呀就让我进去了，我说不能告诉你，有一次有人报北京春节期间要震 7.3 级，就是给你们武警传出去的，引起北京有一些地方闹恐慌，就是你们干的，可不能跟你们讲。几次地震预测都是这样送进去的。这次 60 年大庆，中南海北门也好，西门也好都是公安局的人，连武警都不让你靠近。结果后来没有办法只能通过地质部的老同志，请他通过有关渠道送到中央去，当晚又把两封特急件通过邮局寄送中南海。耿庆国采取另外一个途径，用最快的手段让中央领导看到，后来大概这个起作用了。

9 月 20 日上午中央领导做了批示，重庆市委领导很重视，工作很得力。到了下午 16:50，小三峡的巫溪发生特大型滑坡，1 百万吨土石方的一个特大型滑坡造成 13 户 80 间房屋垮塌，56 人事前已全部安全转移。重庆市很果断，开了紧急会而且布置下去了；取得了很好的防灾实效。

我在网上直接公开点了某部门的一位司局级领导，我说他们在科学路线上彻底西化，他们公开说地震预测不可预报，这个理念必须改正。我们在网上辩论了一个多月，后来把我们的三峡大滑坡预测原件的复印件在网上公布了，他说你这个是假的，他说我编造公文，沽名钓誉。他一再说我是编造，他的理由是什么呢？他说你的字有的深有的浅，另外肯定是先打出来后盖章的，所以说你是假的。但计算机打字哪有先盖章后输进去的，根本没有道理的。到后来没有办法，我直接点出来，这也是一个闹剧吧。而且 2009 年 12 月在中国地震预测咨询委员会的会议上，某部门一位主管的司长公开点我，说："你带的头，弄得我们在国庆期间都没有休息好"。表示意见很大，话的分量也很重，我估计是他们局领导的意见。我们天灾预测专业委员会对三峡大滑坡预测确有其事，中央领导有批示，重庆市及时采取了预警措施。某部门某位司长颠倒是非、恶意中伤是不应该的。

谢谢大家。

主持人张启文：下面有请耿庆国研究员报告。

耿庆国：2006 年之后我很关注重庆和三峡库区的震情，汶川地震后向中央反映了我对重庆三峡库区震情的担心，并提出采取抗震措施加强中小学校舍的建议。我强调指出：三峡库区滑坡和中小地震都应作为大地震的前兆。

这是我们给中央上报的一个原件，我们在2009年9月18日和19日在北京工业大学连续两天开会，认真会商和研讨三峡库区近期可能会发生地质灾害的危险性，并形成了意见。

当时是什么前提呢？2009年9月22日前后10天中国大陆周边有7.5级以上强震的危险性。9月18日大家漫谈式的谈了几个问题。到了9月18日晚上任教授加班，早晨起来给我打电话，我们决定在9月19日下午紧急会商。提出2009年9月19—25日，特别是19—21日，在重庆市可能发生大型滑坡或6.5级地震。在6天之内，该地区多达12个共振加压异常。9月10日北京工业大学观测到1400 mV声波。2003年三峡库区蓄水以来，周围矿难呈明显增加的事态。2009年9月22日至10月2日还是强震危险期。鉴于三峡库区的重要性，灾害一旦发生，危险会非常严重。任振球教授还公布了他和李均之的电话。

最后9月20日10点，我们的信息送到中央领导办公室。薄熙来说宁可信其有，采取了非常果断的措施。

出现了大型滑坡是在9月20日下午5点钟前后，56个人提前撤离，他们眼看着他们家被特大型滑坡垮掉了，如果这次真埋了56个人，在国庆节前后又会成为新闻媒体报道的重点。

9月28日温总理召开国务院常务会议，第八条就是全面落实自然灾害的防范措施，提到包括滑坡、泥石流，也包括地震、台风、森林大火都要采取预报、预警、预防全面措施。第二天国务院办公厅也发了一个专门文件，通知各个省市自治区政府和直属单位，把全面落实自然灾害的防范措施提法更细化了，这是 9 月 28 日文件。

这说明中央领导同志很关心防灾减灾这件事。而且是以事实做依据的，你们确实有本事预测出来，就会得到承认。我当时通过一个渠道，把预测意见送到最高层的时候，有人就对我说，你们一定要保证出情况，我说可能会出情况，当前重庆发生滑坡的可能性要大于地震。另外，依据强磁暴组合法 2009 年 9 月 22 日前后 10 天，中国大陆周边地区会可能发生 7.5 级以上大地震。确确实实 2009 年 9 月 30 日在美属摩亚群岛发生 M_S 8.0 地巨震（这是 2009 年全球最大地震）和海啸。2009 年 9 月 30 日在印度尼西亚发生 M_S 7.7 强震，死亡 1100 余人。国家主席胡锦涛还在 10 月 1 日发了慰问电给印尼总统。

重庆万州在 9 月 21 日又一个岩壁垮塌，两死一伤。云阳突然十万人停电停水，政府采取了应对措施，通过送运水车给十万人，因为雷电造成整个供水系统破坏。谢谢大家。

主持人张启文：这四个报告正好用了 55 分钟，下面大家简短的提三个问题。

◎ 地球放气现象

杜乐天研究员

杜乐天(核工业北京地质研究院):

我做个简短发言,我搞不了预测,在成因方面做了一点工作,也是刚开始。汶川大地震以后,我一直盯着后期调查。有一次学术会议上听了一个报告,就是滑坡的报告,令人非常注意。后来买到了新书《地震与滑坡灾害》,殷跃平等著。这个滑坡非常奇怪,很少见,750 万 m^3 的滑坡。从这边飞到那边去了,飞的距离最后测试结果 1500 m,而且当地坡度并不大,这个都有测量结果。这叫远程滑坡。这就很好地证明不是重力滑坡(重力滑坡只往下坠),这里面肯定有气体爆炸蹦的。

之后四川地质学报发表一篇文章,就是汶川大地震之后出气,这是他的调查结果。另外给同志们放几个投影片看看,这是一氧化碳(CO)全球排放情况,红的是高值,这都有定量。大气里面 CO 浓度,这是全球的。还有一张,是全年的。这是一氧化碳动态的情况,这跟工业排放完全无关,好多是海洋上的,极区的,没有人烟的,没有工业的。这个排放的信息特别多。我毕竟主业搞放射性铀矿的,没有多余精力和时间,大部分时间还得忙我们系统里面事。很希望同志们感兴趣,在这方面努力,肯定能走到世界最前面。因为西方的东西虽然技术发达,但是我说句实在话他不会用。他用这个东西只监测大气污染,他就知道这个。我们拿过来以后,能证明地球排气。另外我还有甲烷、二氧化碳的,等一下给同志们放一下水汽的图片。

高建国:这是反映汶川地震的。

杜乐天:在座的同志们走到世界最前列了,同志们有非常好的经验和方法技术,完全可以准确预报。多信息一集合、集成就会信息聚焦出好结果。分散了不行,分散了各搞各的,各报备的，这个不行。这个也不被人重视，必须得集合。

这是加利福尼亚的 CO 排放卫星图像，这是一氧化碳，爆发式的排放，这是旧金山，这是西雅图，这是洛杉矶，这是 2008 年的情况，突然爆发，发生了森林大火。加州是极强的地球排气区。我们的研究证明大震是地球突发强大气喷、气裂、气胀、气爆的必然产物。我真替美国人担心，这个非常值得注意。但是他们并不知道，我写过信给美国加州州长，我说森林大火是地球排气引起的，一直也没有反应。之后第二年又烧，第三年又烧，年年森林火灾。气象学解释是大气温度高。为什么温度高？说因为旱？再问为什么旱？回答是因为温度高。这种循环解释出自专业科学家之口，令人啼笑皆非。由此可见，美国的气象学家至少在这方面已陷入困境。

提问：这套监测是谁做的。

杜乐天：美国人做的，但他不会用，他也不理解。

提问：他做这图像为什么？

杜乐天：他用来监测大气污染。我们切切不要迷信。同样的测量结果，完全可以从中发现他们不知道的奥秘。我有一二十个此等实例。这是 2009 年汤加 7.9 级大震前的两天气体爆发，这是路透社拍的。同志们要注意这里是深海沟 1 万多米深，从水体上来还能喷上高空，有多大的力量呀，这肯定是地球排气，没有岩浆是气。谢谢大家。

任振球：我有一个资料，大气二氧化碳在 6 亿年左右，一直到 6500 万年之间，大气二氧化碳浓度有一条曲线，谷值都在达到 1000 ppm 以上，比现在约高将近三倍。

徐道一：4 月 5 日墨西哥北部发生了一个 7.1 级地震，而且凤凰城也有震感，估计后面还会有大的地震。我也跟老陈说了，他作为英籍华人帮助我们中国人，促进自主创新地震、天灾预测。现在我们预见到西方有可能会有一个大震，我们应该多做点工作。

提问：我想问一下任老师，您根据工程加力，从方法论上有没有一个比较。另外你们讨论以后怎么样综合集成，最后是一个什么样的灾害？

任振球：第一我们是天地耦合方法，首先是要地震内部的临震条件具备。

提问：你怎么样判断只是暴雨灾害或者是滑坡灾害？

任振球：我说的是特大滑坡，不是一般滑坡，一般滑坡与持续暴雨有关。

提问：你怎么判断是暴雨还是暴雨滑坡或是余震？

主持人张启文：我们有问题私下讨论，这些问题一讨论很复杂，很多灾害都混在一起的，由于时间的关系，我们讨论今天到此结束，有什么问题咱们代表明天进行讨论。

二、征兆预测方法

时间:2010 年 4 月 27 日上午 8:30—12:00
地点:金隅凤山度假村悦宾楼 1 层第 13 会议室

主持人徐道一(中国地震局地质研究所研究员):我们现在会议开始,每个人 10 分钟,时间很紧张。因为主要的目的有一些东西要多讨论,所以多讲了讨论时间就少了,希望大家多保证讨论的时间。现在正好是 8:30,上面第一个有请夏雅琴副教授,她的题目是地震前兆观测。

◎ 次声波

夏雅琴副教授

夏雅琴(北京工业大学地震研究所):

各位专家大家好,我们是北京工业大学地震研究所,给大家汇报的题目是《地震前兆观测是地震预测的基础》,本来应该由李均之教授做这个报告,他身体不好所以我代替他。我国是地震灾害最为严重的国家,地震预报工作对我国的社会进步显得尤为重要。认可一种观测方法都需要经过长期的实践检验和考证,北京工业大学地震研究所经过30多年不断观测、研究实践和总结,发现只有利用多种地震前兆观测方法才能准确地进行地震预报。

下面向大家介绍一下我们目前用的一些临震观测方法。次声波观测、记录仪和次声传感器组成次声波观测系统,根据20多年的观测可以发现世界范围内7级以上地震在震前都能够收到次声波异常信号。这是2008年5月12日汶川大地震在5月2日接收到的次声波异常信号。这是2010年4月14日青海玉树地震,之前我们在4月11日接收到的次声波异常信号,分别在三个时间段都收到次声波异常信号。

根据分析研究,我们找出了异常信号与地震的关系,首先我们发现了震前次声波异常信号的频段非常低,在10^{-3} Hz量级。2002—2008年全球共发生7级以上地震92次,利用次声波异常信号可以预测地震三要素中的两个要素就是时间和震级。不足之处不能预测震中位置,尚在研究当中。

为了能够研究震中方向问题,在2006年自己研制次声波自动采集系统,利用这套系统在北京工业大学周边地区建立三点阵。2008年5月2日三点阵接收到的异常信号。

地应力观测法(图6),这是李均之教授发明的电阻应变片式传感器,根据地应力图形可以做中期、短期和临震预报,可以预测时间、震级和地点。这是地应力传感器的结构图,将贴有电阻应变片的铜环,封装在塑料桶里,埋在地下。这是2001年11月14日青海昆仑山口地震以前地应力的曲线,这个图是2001年9月22日至11月30日的曲线，从图中可以看出，10月4日以前地应力处于平稳阶段。从10月4—14日开始第一阶段的异常，这是一个短期的异常信号。跟着在10月14—24日出现第二阶段的异常。10月24日到11月13日是第三阶段的异常，在11月14日7:30突然地应变变化了4080的微应变，结果在2001年11月14日青海昆仑山口发生7.1级地震，这是9.21台湾大地震震前地应力异常的曲线。不足之处，地应力传感器应该放在断层的位置上，因为与构造体系有关，用地应力测量存在着一定的局限性。

图6　地应力观测系统

第三个方法是虎皮鹦鹉行为异常，在笼子的两端接上传感器，小鸟在横杆上跳动次数会被记录下来，在正常的情况下有一个相对的日跳动量，当有异常的时候，这个日跳动量会增大，根据这个日跳动量和这一阶段的均值跳动量的变化来做地震的临震预报。

不足之处不能预测震级和震中位置，我们对1991年1月1日到2007年3月26日全球共发生7级以上地震133次，其中83次虎皮鹦鹉震前出现跳动频度异常。

对日本、印尼和台湾多发地震地区分析了虎皮鹦鹉跳动频度异常与地震的对应关系，以1999—2007年全球发生的

6.5级以上地震为统计资料，对台湾、印尼和日本进行统计，发现有较好的对应关系。日本在这个期间是31次地震，异常的有22次，台湾是8次，异常有6次，印尼是53次，异常有34次，百分比分别都达到了60%以上。

地电脉冲观测，选用不锈钢板电极，埋在地下。发现还可以预测火山爆发，但是不能预测火山爆发的大小和地点。多年观测发现有这样四种情况，左上角是正常的，是一个非常圆的信号；第二个图在震前收到的异常信号；第三，出现一个方波矩形脉冲是火山爆发；第四种是一个复杂信号，可能是地震和火山爆发叠加的信号。

电离层，是2007年学习的一种新方法，研究时间比较短。学了这个方法以后，以中国大陆中纬度地区作为研究区域，大于6.0级地震为研究对象，做了一些分析，分析的结果表明国内在震前几天震中上空出现电子浓度下降的现象，这是5月12日大地震电离层异常图，从5月6日开始震中上空电离层的电子浓度出现了下降的现象。

大地微动观测，能测300 km外的发震时间，青海玉树地震出现地倾斜，从4月1日的时候开始地倾斜方向向北产生了一个大的跳动，在4月4日这个地方打了一个结，一般这样的情况几天之内会有地震发生。上述观测方法也有异常信号出现并没有地震发生，每次形态都不一样。区分干扰信号和异常信号存在一定的难度，不能识别不认识的信号，比如说汶川大地震之前收到次声波信号达到3300 mV，因此这是地震难预测的原因之一。

1996年到现在进行13次临震预报的预报表，我们事先都向有关部门提供了意见，谢谢大家。

主持人徐道一：下面有请崔晓艳同志报告。

◎ 次声波异常信号和地震

崔晓艳硕士

崔晓艳（北京工业大学地震研究所）：

大家好，我今天汇报的题目是次声波异常信号和地震的关系。主要有以下三个内容：研究背景、次声波与研究内容。每年全球因地震灾害造成的死亡人数达到上万人次，中国有53%的国土，有一半城市，位于7度以上高烈度区，20世纪我国大陆在全球陆地面积的7%的国土上发生了全球35%的7级以上大地震。因此找到有效的地震预测方法是解决地震预报的一个关键所在。

在20世纪30年代发现了次声波，我国是从70年代开始逐渐开展对次声波的研究，火山喷发、地震、核爆炸和海啸都能产生次声波。

次声波的特点就是频率低于20Hz，传得也比较远。现在主要应用在探测核爆炸发生的位置，预测地震，以及火山喷发等。

1982年对9种岩石做了35次岩石压缩实验，通过这个实验证明岩石在破裂过程中可以释放出次声波，这为我们选择次声波观测地震奠定了实验基础，这是观测的仪器和次声采集的装置。通过这个装置在正常的时候会接收到这样比较平稳的信号。以下是在三次大地震以前接收到异常的次声信号。为了探测地震发生的三要素与震前次声异常信号的关系，进行了长达 20 多年的观测和研究。统计了 2002—2009 年世界上发生了 101 次 7 级以上地震，其中有 88 个地震震前接收到次声异常信号，这 88 个地震作为研究对象分析了异常信号与地震三要素之间的关系。绘出的 101 个地震的分布图，首先第一个探测了异常信号结束时间与发震时间的关系，异常信号结束后 9 天内发震有 90 次，异常信号结束后 15 天发生占 80.68%，这个图也可以看出全球 7 级以上地震 30 天内异常信号的累加图，这个图显示了在地震之前 9 天之内接收次声异常信号比较多。分别又对印尼和日本两个地震频发地区进行统计，印尼有 19 个地震震前接收异常信号，震前 15 天内接收异常信号占到 78.9%。日本震前 15 天内接收到异常信号对应率占到 71.4%。

异常信号幅值与地震的关系，8 级以上地震一般幅值超过 2000 mV，从表中看出 700～1000 mV 占了 10 个，大于 3000 mV 也就是汶川地震(3300 mV，图 7)。

对异常信号的幅值与地震震级的关系，进行了分析，图上显示震级小的时候幅值也是很好，发现震级越高不一定幅值越大，不是成正比例关系。说明一点，因为北京地区在 6—9 月份气侯比较潮湿，次声传感器受湿度影响出现了低于 1000 mV 的 10 个小信号，这个幅值其实应该达到 1000 mV。

为了寻找距离和接收的次声幅值的关系，带着这个问题

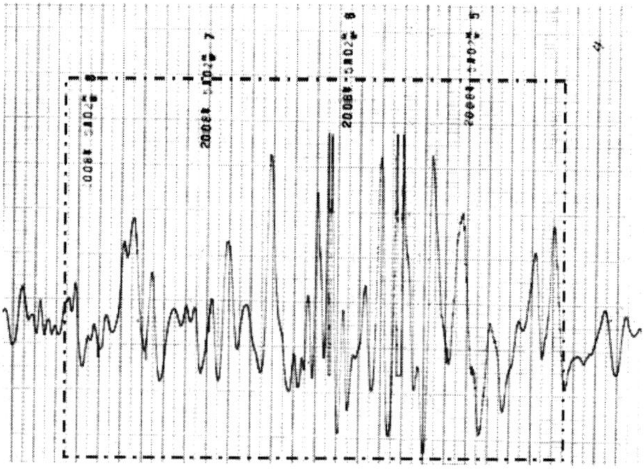

图 7　2008 年 5 月 2 日(汶川地震前 10 天)接收到 3300 mV 的次声波

对数据进行了分析。从图中可以看出,距离越远的时候其实它的幅值也有超过 2000 mV 的,距离越远并不代表幅值就低,不是成反比例的关系。这个频谱特性图,通过做频谱分析,发现信号的频率都在 10^{-3} Hz 的量级,说明为什么震前能够接收到几千千米以外的次声波信号。

为了研究震中方位,研制了次声波自动采集与网络传输系统,这是次声波采集仪。2007 年 4 月 20 日东海地震之前接收到的次声波异常信号,红色、蓝色以及黑色分别代表了三个观测点接收到次声波异常信号。还有新疆于田地震之前接收到的次声波异常信号。从这几张图上可以看出,三个点接收到的次声波形态上基本上吻合,相关性比较好,说明是来自同一个源。其中以新疆于田地震作分析,次声以南新园为原点,代入公式计算方位角,可以计算出方位角在 64.645°,说明是在一、三象限方向。南新园最先接收到信号,因此预测是来自左下方,但是利用互相关函数算是－64.489°,说明实际观测到震中方位和计算出来有点偏差，还需进一步研究。

这两种结果不一致说明在观测点之间的距离上面应该存在一定的问题。这是我们进行的机理研究，模拟出来结果通过对比发现在1、2、3点可以看出形态基本上一致，而且幅值也基本上是吻合的。

结论：发现了震前次声波频段主要集中在10^{-3} Hz范围，结束后9天内发震频率比较高，发现次声波幅值一般是可以预测震级的规律。2002—2009年发生101次世界7级以上地震，其中有88个接收到震前次声波信号，对应率达到89%，7级地震幅值均大于1000 mV。震中方位还有待于进一步研究，实践证明次声波观测方法突破地震不能预测的观点，次声波确实是一种临震预测重要而有效的方法。谢谢大家。

主持人徐道一：下面我们有请陈一文先生发言，他报告的内容是在《灾害预测方法集成》第20页。

◎ 地震前大气近低空减压效应

英籍华人　陈一文

陈一文(北京市凯利华信息咨询有限责任公司总经理):

这篇论文的第一作者是陶守正教授,他是山东师范大学气象系教授,同时前几年也是中国农业大学资源与环境科学院的客座教授,第二作者是我,我是学习他的方法之后与他一起合作。

这个方法介绍陶守正 1976 年以后发现的地震前大气近低空减压效应。陶守正是一个专业气象学家,他在天气图里面发现了在大地震之前有这样的现象,他后来对大量震例前的大气近低空减压效应进行了历史资料检验,取了 1901—1984 年我国 6 级以上地震一共 533 个震例,总体拟合率达到 84%。这个方法在专业地震部门对地震预测与时震预报问题没有解决之前,可以作为专业地震工作者与公众都可以应用的群策群防手段,可以通过简单的方式予以介绍。

这篇论文介绍如何对这种地震前兆天气系统异常进行分析的方法。论文对操作步骤给了详细的介绍。因为发言时间非常有限,详细的步骤就不说了,大家可以看论文中的介绍。主要是利用公众可以访问的国际网站对外开放的气象数据,可以处理出这样的震前近低空减压异常前兆。为了懂英文以及英文不是特别熟悉的一些同志应用,我把网站上要选择哪些参数的英文全部翻译出中文。我希望大家能够看操作步骤的介绍,回去之后按照论文介绍的详细步骤与选择哪些指标、怎么样确定,你们自己就可以进行处理。

陶守正最早 1984 年发表论文介绍了他的发现。过去我注意过他这篇论文,后来在 2004 年苏门答腊地震发生之后陶教授马上给我打了一个电话,说他用他的方法发现苏门答腊地震之前有非常明显的气压异常效应。通过电话他一步一步教我，先看这个网站这页，然后选这个参数，教我如何处理。因此关于苏门答腊地震的消息刚刚出来之后，我们协作就把这几张图直接处理出来。第一张图的日期为2004年12月25日，基本上是一个比较正常的情况，十字叉表示后来发生的震中位置。所有的图标注的时间是世界时，不是北京时间。到25日世界时12点的时候，可以看到震中附近原先没有异常的地方出现了两个异常。以后两个异常变成了这样一个区域，连在一起，而且覆盖了震中的位置。在地震发生的时候，在震中附近往往出现非常明显的异常。

苏门答腊地震发生的时候，这个异常基本上已经覆盖了震中，然后地震发生之后这个异常马上就消失了，随着后面要有余震，异常又会再次出现。这个反映是非常明显的。

2008年5月12日汶川地震发生之后，我用这个方法对汶川地震之前的近低空减压异常做了数据处理。汶川地震之前有比较早的图片，因为汶川地震之前老有活动，经常有异常，所以往前推，找到世界时(下同)2月22日6∶00有一个比较正常的图。十字叉标注后来汶川地震震中的位置。这张图气压分布是相当有规律的，没有什么明显的异常。

到了5月6日12∶00，可以看到有一个非常明显的小区域异常，离震中位置很近。很显然这是异常，因为原来正常的时候应该是一个大面积这样的曲线。到5月6日18∶00，非常明显的异常已经移到了震中，把震中区域完全覆盖。

5月7日上午这段还比较正常的，但是后来出现的一个很明显的异常再次覆盖了震中区域，到7日世界时18∶00，有一个很小的，非常突出的异常正好就在震中，覆盖震中。论文里有很多的图，为节省时间就不去讲了。

论文后面有一节“讨论”，只列出来标题。

第一，要重新认识遥测信息的问题及其应用。从过去几年的工作来看，不同的研究者对卫星观测的不同资料进行了研究，例如卫星云图，包括寿仲浩、王斌对“地震云”（震兆云）的研究以及李志平在红外云图中发现的异常震象的研究，还有卫星红外的研究，以及刚才介绍震前近低空减压异常方法的研究。显然现在应当对震前的这些异常和地震之间的对应关系，它们与其他类型地震前兆的对应关系，以及怎么应用，包括专业部门的应用和群策群防的应用，这些方面要有一些重新认识和推广加强应用。

第二，“鱼和网”不配套的问题。从研究地震前兆来讲，实际上对这些气象的信息需要比研究气象所需要的精度还要高，因为地震前兆变化时间段比一般气象变化时间段要短得多。所以实际上，如果真正要想把这方面的研究搞得更好，实际上就需要更精细的气象卫星、气象信息。现在大部分是半个小时一个图，一个小时一个图，实际上是需要精度更高一点。

第三，进一步研究所有种类地震气象前兆的必要性。因为现在已经发现了很多不同种类的地震气象前兆，包括旱震关系，包括耿庆国发现的临震气象五大指标，包括现在介绍的陶守正的方法。目前需要把所有类型的地震前兆与所有的地震气象前兆一起做综合性研究。

第四，强震前出现的气象异常和其他类型的异常之间的相关性。我们论文谈到，一些不同类型的前兆有很多类型，有几种不同类型前兆出现时间的吻合度非常高。出现明显近低空减压前兆时，同时也有红外的异常，同时可能有 HRT 异常，还有地应力异常与电磁波异常，它们出现的时间是一样的，这样就应该要加强对它们相互之间的相关性的研究。

第五，加强跨学科、跨部门研究地震、气象等自然灾害的必要性。地震前很多的前兆和气象有关，但是真正更详细的一些数据信息都掌握在气象部门手里面，因而就有一个跨学科跨部门研究的必要。反过来，地震又对气候的变化、气象的变化有影响。这方面的资料掌握在研究地震的这些人手里。如何使地震这方面的研究能够和气象部门对于气候变化、气象变化的研究一起来协作进行。

第六，这种近低空减压前兆方法的应用意义。因为强地震之前拟合率非常高，而这种方法本身又比较容易应用，因此建议，当你们发现其他类型地震前兆时可以考虑用这样的方法去研究低空气压异常这样的前兆是不是出现。如果出现了，当然发生强地震的信度就比较高。同时用这种办法发现了近低空减压异常前兆之后，就应该及时通知其他的研究者用其他的手段去加强对地震前兆的监测。

第七，因为这个方法可以研究不同高度的近低空减压异常，现在只有陶守正知道这个方法，我也稍微应用了一下。有必要对于一些重大的震例，对于震前这样的气压异常，从高空一直到较低的整个异常分布一层一层地来做连续过程的动态研究。完了，谢谢。

主持人徐道一：下面请徐好民副研究员发言，他的文章在《灾害预测方法集成》的 31 页。

◎ 征兆地质学地震预报法

徐好民副研究员

徐好民（中国地震局地质研究所）：

我今天报告的题目就是征兆地质学地震预报法及其实践效果。徐杰教授是我同班同学，我们学的就是构造地质学，我一进入地震学界就意识到一个问题，为找矿发展起来的一套地质学方法，用在地震预报上有很大困难。怎么解决这个问题，我开始注意历史地震分析，我把历史地震作为地壳运动的标度，我用其时空变化判断一个区域地壳运动的状态。海城地震之后我参加了宏观考察，我注意地光现象以及一些有关问题的研究。我发现地球脱气是一系列异常现象的根源。海城地震十周年我写了一篇文章，提出大家用前兆这个词，我觉得不妥，因为我们叫前兆的现象不仅震前可以出现，震后也可以出现，不地震的时间和地点也照样可以出现，任何一种现象规模再大也不一定表示要有地震。这怎么办呢？我就接受了徐道一先生地象的概念，他定义为地球上的现象，后来高建国先生也用了这个词，他定义水圈的变化是地象，我把地象这个词重新进行定义，我说地象就是地壳运动造成的现象，含地壳运动信息的现象，地壳运动的效应体系。大家知道历史资料很丰富，历史文献当中假设和地壳运动有关的现象，有关的信息为一百种，历史地震只是其中一种，其他 99 种我们弃之不用，现在每天发生的和地壳运动有关的现象假设为 100 种，仪器记录的地震是其一，记录的其他微观现象是 9 种，也就是说 90％的现象未被利用，我的工作就是弥补历史信息的 99％，现代信息的 90％。

我不需要任何一个现象和地震有必然联系，我只是说和地壳运动有关系，我用异常现象的时间、空间、规模、幅度、数量的变化来反演现代地壳运动的微观动态，这样的话我对全球，对一个区域地壳运动状态变化基本上可以把握到年、月、日、时，我认为征兆地质学是综合分析法，它不借重于任何手段，不借重于任何方法，不借重于任何仪器，不借重于任何现象，但可以从研究地壳运动微观动态的角度吸纳任何现象，任何手段和方法，所以它是一种思路，是综合分析法。

我和其他学者综合分析方法不同，我要看哪一个区域或者全球有没有地震，我不是说哪一个方法哪一个现象以前准确率是多少，它的权重怎么样，而是我用大量实际信息综合分析，判断地壳运动状态如何，我觉得很多同志最大的问题就在于说哪个地方有地震，并不去研究哪一个地区现在的地壳运动的状态，所以我们的困难、困惑都在这里。我一直认为地震预报并不难就是这个道理。我十年以前就呼吁地震预报已可基本过关，我去年写文章地震预报早可过关，大家听这个话一笑了之，我认为不是这么回事。这次刘巍在瞭望杂志发表文章，很多人认可说很好，我看了一下觉得其实不然，我在·天凌晨3点多钟想了一首诗反驳他。为什么不能这样呢，这个文章为什么不好呢？我认为还是重复了以前好多人说的地震预报难，还是误导大众，实际上地震预报不是难，而是不去做，若做的话并不难。

古代兵法讲知己知彼百战不殆，你要看哪一个地方有没有地震，你要用一切信息分析这个地方地壳运动状况如何，有没有地震的可能性。A 方法以前90%对了，现在他说这个地方没有地震，B 方法以前90%错了，他现在说这个地方有地震。你若按权重判断，相信 A 否定 B，就会出错。愚者千虑必有一得，智者千虑必有一失。我判断哪天哪个地区有没有地震，就要看看这个地区地壳有没有相应的信息，你不收集这个信息说预测地震困难，凭什么困难，你困难就在于不研究这个地方的实际地壳运动状况，信息不畅通。在发现异常集中加速的情况下就要相信 B 而不是 A，现在谁敢给领导打包票报地震？我敢签军令状，我不强调个人怎么样，我强调集体作为，现象也要整体考虑。我认为任何现象都不要排除干扰，不要找和地震有没有必然联系，多了就是必然。唐山地震前2000多项异常若都报了上来谁敢不报？为什么许多信息在震前就有震后还不知道？比如说汶川地震很大的异常现象，成都华阳一个井从2007年7月份开始溢流到地震之后一直到11月17日才见报，2009年7月份我去四川地震局，我问震前在都江堰辟了十来天谣的洪时中，这个现象你知道不知道？他说不知道。这些现象都不知道怎么能够报地震呢?！我觉得现在地震预报问题还是一句话，不是难，而是我们不去做。谢谢大家。

主持人徐道一：下面请王若柏研究员演讲，他的论文在《灾害预测方法集成》第 35 页。

◎ 震害垂直形变速率方法

王若柏研究员

王若柏（中国地震局第一监测中心）：

我今天讲的题目是《值得再研究的中国震害垂直形变速率图》，中国地壳垂变速率图 1983 年发表之后作为一测中心重要的成果，现在回头来看这张图还是有一些问题的。下面我分四个问题进行演讲。

汶川大地震之后人们对青藏高原隆升问题非常关注，大家认为这次强震是因为隆升造成的，青藏高原在上升，在地质历史上上升是事实，但是现代构造还在上升吗？诺大的高原仅仅用高原的隆升来解释大地震我觉得太笼统。但是不管在报纸上还是学术刊物上都有这种说法，“综合了现代测量资料，无论是精密水准测量、还是 GPS 的测量资料都证实青藏高原现在还在抬升，而且上升的速度还非常快，在高原南部的喜马拉雅地区可达到每年 8～10 mm。”对这种说法我们仔细推敲一下，还是存在问题的，第一，根本没有一项 GPS 成果发现青藏高原上升，他们认为高原上升的原因是受到挤压、缩短，而想当然地说上升。相反唯一一份 GPS 成果之中测试有大量点是下降的，当然这里有一些结论还是有待讨论的。所以 1983 年发表了地震垂直形变速率图是存在一些问题的，包括精密水准空间上观测不均匀，资料时间上选取不同步等问题。但最重要的问题资料选取的时间，实质上这就是一张中国大陆地震活跃时期的地壳垂直形变图。大家看一看这个资料选取的时间分布，就一目了然了。我把全国相当多的点和路线的资料全部统计编绘在这两条曲线下，这有两期资料，第一期资料是 20 世纪 50 年代到 70 年代末，时间跨度非常大，这个资料选取得非常零散，但是中心年代基本上是在 60 年代左右；第二期资料在 80 年代左右，这个资料相对来讲比较好一些。从这份资料上可以看出来，它所代表的地形变速率就是 60 年代到 80 年代基本的地壳变化，而不说明其他任何问题。在形变图发表时没有注明时间，因此误导了好多人，认为中国大陆现代地壳运动就是这样一种状态，这是不对的，中国大陆地壳运动状态是随着时间不断地变化着的。

这张图代表了什么信息呢？我这方面也不多说了，一说起来太多了，我可以从中间，大概从兰州成都到昆明画一条线，可以划分东部和西部，总体特征来讲反映了隆升下沉，再隆升下沉，这样一升一降的变化。西部比较清楚，东部比较复杂，因为华北好多地方是地面沉降干扰。西部更清楚一些，隆升下沉，相对上升和相对下降。做这个图的时候还有一些笑话，当时做完天山地带，新疆北部下沉了，当时好多人不相信，有的地质学家提出来天山怎么能下沉，得换资料，换了半天还是下沉，事实证明下沉是对的。这样一种特征反映的是什么呢？反映了这样一种状态，中国地壳的垂直运动整体上升和下降从东南向西北呈波浪起伏的状态，这种情况可能是印度板块从西南到东北挤压中国大陆，大陆地壳块体做屈曲应变的状态，反映了中国大陆十年强震期地壳活动的主要特点。

最近几年我们又对这个进行研究，虽然没有全面把地壳形变资料收集到手，做出来之后发现了新的情况。做了两张形变图，一张年代跟 1983 年发表的那张时间段差不多，采取的资料时间为 1952—1989 年，也就是说中心年代是 60—80 年代，第二张是 80 年代一直到 2000 年初(图 8)，也就是时间跨度将近 50 年，这样的情况就完全不一样了。第一张图也是隆升、下降，虽然资料比较少，但是也看得出来青藏高原这一块以上升为主，也就是和第一张地壳垂直形变图一样。但是现在 PPT 第二张图则完全相反，青藏高原出现大部分下降，虽然资料比较少，但是还能说明，像北部的地区出现了下降，也就是波浪起伏运动状态是相反的。

这是两张形变图对比，地壳垂直运动出现相反的状态。大家看我的论文，初步分析一下能够粗线条地看出来这一问题。两张形变图进行对比，这种现象怎么解释呢？考虑到两张形变图的主要资料选取时段，恰好处在中国大陆不同的活动时段，地震活动的活跃时段和地震活动的平静阶段，出现这样的变化也就顺理成章了。不同尺度的包括时间尺度和空间尺度的地壳沉降，地质构造意义是完全不一样的，我们看地壳

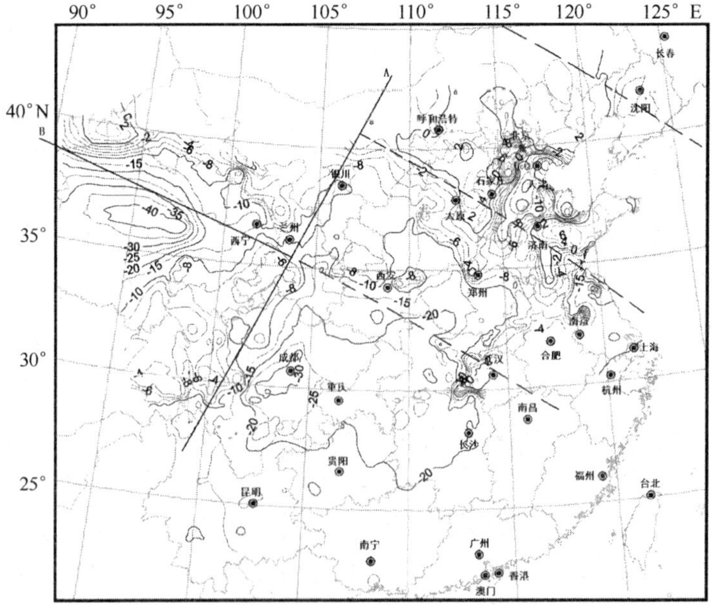

图 8　20 世纪 80 年代至 2000 年中国(部分地区)地壳垂直形变图

形变图要特别注意这一点。跨断层研究断层变形,小规模的形变图只能研究到块体滑动的运动。而大尺度的地壳形变图,例如在中国大陆板块级别上可能揭示了板块之间运动微动态的加强和减弱。

地壳形变图的构造含义取决于资料选取,一定要注意。千万不能让第一张垂直形变图所误导,这里比较重要的要有一个时间的观念,没有时间观念的地壳形变图没有意义。

地壳形变研究存在工作量投入大、周期长、资料处理困难等问题。大面积地壳形变,我搞了将近 30 年,但由于资料的匮乏,到现在为止还没有获得一张地震从孕育到发震,再到震后调整全过程的地壳形变图。

最后一点说的是地壳垂直运动并不是处于恒定的相对上升或下降的，现代地壳运动应当是复杂的。包括青藏高原在内都是有的时候上升，有的时候下降，有的时候下沉还比较多。但是具体怎么样运动还得研究，因为我的资料也不是很全。

最后我就地震预测方法问题说一句话，地壳形变观测曾经作为地震预报研究中一个很好的方法，受到重视。我们搞垂直形变搞了几十年，积累了很多资料。但是问题是刚刚摸到一点门儿，现在却转向了，引进了高科技的 GPS，垂直形变研究工作大大地萎缩了。地壳形变工作最重要的在于观测资料的积累，我们的垂直地壳形变积累了 50 多年，我们觉得还不够，现在 GPS 刚搞十几年就要搞地震预测，太早了。现在 GPS 计算模型，排除干扰等方面虽然还有一些问题。但是最主要问题还是资料匮乏，我觉得用地壳形变为基础来研究地震预报问题仍然需要长期大量的观测积累，包括 GPS、也包括恢复大量的地壳垂直形变观测工作。谢谢大家。

◎ 讨论

主持人徐道一：上午五位报告时间都掌握得很好，我们还有半个小时讨论时间，这次老高把会议改了一下，我们名字是研讨会，过去很多报告完了就完了，讨论时间很少，这次每个单元安排半个小时讨论，讨论的时候我觉得首先提醒一下，大家要围绕五位报告的内容来谈，不要借着讨论讲自己的，一发言又 10 分钟，15 分钟过去了，这样就失去讨论的意义了。

郭增建：刚才嘉宾介绍了大气低压现象。我看了一下汶川，汶川既有走滑，也有倾滑，这不说了。汶川地震是龙门山高原向上滑，上面大气压力相对平时有所减小有利于向上滑动，此时会伴有其他地震先兆出现。陈一文同志讲得非常好。

耿庆国：听了上面的报告，我谈两点感受。

第一，通过北京工业大学夏教授和小崔老师的报告，我感到北京工业大学他们自主创新的次声波观测手段，确实是很好的方法。非常可惜的是，他们至今未能建立起一个小台网。现在，当务之急是，一定要想办法让他们能有一个比较好的台网，这是最急迫的事情，因为次声波的手段还是很有效的，应该给他们很好的支持。

第二，上面几位专家的报告，可以说，从正面回应了主流地震专家的说法，即地震的小概率性、地震的复杂性、地球不可入性。但事实是：在强震发生前，地球表层大量的前兆异常具有可观测性；地球表层从地下岩石、水到大气可观察到好多前兆现象。针对所谓的地球不可入性，人们不需要打钻，因为地球放气等现象实在太多了。

强震前兆的异常时间是长时间的，强震前兆的异常空间是大尺度的，这已不是什麽小概率的东西了，多种的异常反复出现，这样一种非常明显的特征异常要抓住。强地震有大量的前兆，只要好好搞工作，是能够通过前兆来做出预测和判断的。

至于地震的复杂性，强震前兆的发生发展确实存在一个过程。但强震中期和短临前兆是配套、有序地出现的。包括宏观异常，包括徐好民先生讲的地象异常变化，这些都是完全可以在震前观测到的。

我热切希望：中国有良知、有志气的地震科学工作者团结奋斗，百折不挠，为民排难，为国分忧，专群结合，群测群防，切实努力提高我国强震预测、预警、预防水平。这是我们天经地义、当仁不让的使命和责任。我国唐山同胞、汶川同胞、玉树同胞的鲜血决不能白流！谢谢。

曾小苹（中国地震局地球物理研究所研究员）：这次会很多同志提到地震要报出来可能要走综合的方法，我认为这个做法是非常好的。2009年9月18日和19日就是贯彻了这套办法做的，我也简单做个说明，后来有些人对怎么能够预报地震起了一些疑问，我对这个事情简单补充一下。9月18日、19日很多参加这个事情，我是搞地质的，当时做了两个报告，一个是全国有七八十个台站，从面上异常分析，我们对灾害比较重视，我们后来一直做下来，发现2003年以后，特别是2005—2006年三峡库区发现明显异常。我们把全国水库都做了调研，一般这个水库注水以后3～5年有比较大的地震发生，其中最大的地震不会大于6.5级，我们认为三峡库区可能性最大的是滑坡。

从这个事例我认为是这样搞，现在地震不是很好报的，是可以报，但不是很好报，必须集中大家的力量。因此我觉得天灾预测委员会综合在一起本身很不容易，本身说明大家对地震事件是非常关心的。现在有一个问题提出来了，这个平台大家怎么样创造更好，这是应该想的事情，因为只有集中大家的力量，才能把平台做好。

任振球：我对陶守正观测的现象提点相反的意见，他提的我国唐山、汶川，印尼9级地震都是时震的时候低压异常。但是反过来我跟老陈也说了，这几个例子都是震的时候垂直下降为主的，主要是汶川和唐山，这个出发条件反过来了，我们临震前要反常的抬升，到发震的时候加压下沉。汶川地震使整个四川盆地下降了15 cm。

主持人徐道一：是不是跟方位正好相反呢？

任振球：拿唐山来说震时都是东盘以下降为主，正值当天处在月亮共振加压之时，同时月亮水平引潮力指向西南方向，相应有一向西南方向错动方式。但对临震期间由共振加压触发的地震来说，比如丽江地震发震时刻主要是垂直隆升为主，则正当处月亮的引力波共振之时。这种发震当时隆升在临震期间的大气状况怎么样，是不是高压系统倒过来的，再补这个东西就完整了。

在汶川地震科学讨论会我讲了一下，从1月中旬开始一直到汶川地震的时候，地球自转出现反常情况，非常反常，也就是14天半左右的短周期，有连续7～10天快速减慢，之后有一个3～5天相对加快，总的短周期以快速减慢为主，过去我们做过近亿年来中国西部跷跷板运动是用地球减慢解释的。中间的扬子地块，特别是四川地块的软流层很深，当时测到116 km还没有发现软流层，这个地块很硬而且扎得很深，这个在自转减慢时向东惯性力引起地壳物质东移，碰到中间很硬很深地块过不来只能强迫上升，其间的交界就是龙门山断裂带。具体来说不完全是印度板块向青藏高原下插的问题，而是整个青藏高原整体往东漂移力是主要的。

蔡尔诚（黑龙江八一农垦大学教授）：我有三个感觉，第一，我觉得北京工业大学地震研究所工作做的非常细。第二，陈一文先生介绍的工作，我感到他是对大气层和地壳层相互关系又提出新的思维和路径，这又形成压震关系，这的确值得深入研究。这里面我想问问陈一文先生，不知道陶教授做这个工作有没有做一个排查工作，因为气压变换非常频繁，不一定每次都对应，这个对应到多大程度是一个关键。第三，从上面几位专家的发言我有一种感觉，觉得西方科学形成的分解思维确实没有办法报地震，但是用中国的整体思维很有可能预报地震，完了。

朱文琳（天津市气象局研究员）：这两个例子用的是不同的图，一个是 1000 hPa，一个是 700 hPa。夏老师他们工作物理意义很明显，那几个都是物理仪器，这个仪器有没有推广价值，这个面上形成场以后预报效果怎么样。因为这个物理意义很明确，但这些物理意义本身跟地震机制联系我不是很清楚，能不能加深这方面工作，这样就很明显了。

主持人徐道一：他介绍的操作手段网上写的很详细了。他们工业大学用一些不同的方法来做。

高建国：朱老师刚才讲了物理意义，我刚才想说这个事，崔晓艳讲到 2004 年 12 月 19 日苏门答腊地震前的次声波，因为我上次灾害链会议后来编了一本书，我们找到了这样一个回答。当时在地震区爆发了大量的水汽爆发，这个水汽爆发根据杜老师的推算，如果有1/10到达三峡地区，相当于8个三峡库区水那么多，这肯定有一个动作产生的，因为这是同步的，这跟北京工业大学接收的信号和水汽爆发红外图接收到的过程，这两个可以有一个很好物理机制的解释。其他的次声波现象是不是都在地震前有异常、都是地震，我也打了问号。

第二个问题问一下王若柏，垂直形变当时在地震手段里面相当重要，但是这几年地位有所下降，一个是GPS覆盖代替原来传统的垂直应变，这两个东西怎么衔接，前面的资料和后面的资料怎么衔接？

王若柏：现在没有一个比较好的说法，我们刚把垂直形变搞出一点指标来，觉得垂直形变办法如果观测周期稳定，比较好的话，能够抓到中期甚至短期的变化。结果这几年全部消除了。

主持人徐道一：主要是受到GPS发展的影响。

王若柏：我参加这次研讨会还是呼吁要搞垂直形变。

高建国：GPS工作在国务院汶川地震专家委员会上说震前没有异常，震后也没有异常，投资了那么多钱。第二个问题，王教授刚才讲的没有一个完整的垂直应变，没有一个完整的震前震中震后垂直应变，我记得唐山地震好像有。

王若柏：相对好一点，但是也不完整。

曾佐勋（中国地质大学（武汉）教授）：大家谈了次声波的方法是很好的方法，刚才崔老师谈的情况我提一点建议，现在测到的主要是 10^{-3} Hz 频段，这是超低频，这又应该是大波长。现在设的这三个点的阵列是在 2 km 的范围，这个距离不是有效范围。

任振球：他们是几个人住在那里？

曾佐勋：根据我们计算，有效距离应该至少大于 5 km。

主持人徐道一：武汉市有没有可能装一个点。你们武汉搞个点，台湾有个点，北京有个点，这样就很好了。

曾佐勋：我们在武汉和三峡地区设立了次声波观测阵列。共有 16 个观测点。另外次声波对地震的响应还有一个频段就是 0.1Hz，10^{-3} Hz 频段大家做了很多工作。0.1Hz 频段现在工作还很少，应该是提前几分钟，只能对近距离预测有效，距离远一点，由于次声波传播速率很慢，没有预测意义。比如说智利地震接收到 0.1Hz 频段次声波是地震发生以后，不过至少还是有响应的。

机制问题，现在不管是有限元模拟，还是岩石力学实验也好，现在还不敢下这个结论，因为这样一个大波长运动不应该是在这样的小尺度里面发生的事件。

主持人徐道一：上午五个报告人都很遵守时间，都很简明扼要。我特别要说一下小崔的，她的报告作为年轻的硕士生这么简明扼要，把内容在短时间表达好，确实还是讲得很好的。

汪成民：首先对王教授青藏高原垂直形变有升有降的问题，按道理这可以分析出一些地震机制怎么形成的问题。现在一般都承认板块构造，说印度大陆推挤，印度洋推挤向北，之后不断隆升。说青藏高原在下降好像听的人很少，如果事实存在，它有非常大的构造意义，这个构造意义是什么呢？就是被人们已经遗忘多年的地壳均衡理论，当你有一个水平挤压力使之隆升的时候，按道理来说这时候应该是正异常，这隆升的部分不但有一个均衡问题，还有一个侧面压力使它上升的问题，一旦侧向压力减少了应该均衡地下降，所以升降的循环是由于推挤减弱和纵力均衡升和降综合的结果，这样就可能去判断什么时候能够升产生地震，什么时候降的时候产生地震，地壳形变是监测地震非常有效的方法。

第二，关于减压的问题，现在根据气象专家和搞地震的有一个问题，究竟这个地震减压是激发还是引起的问题。现在看来引起肯定不可能，就是大气本身在减压激发了同向的地震，这种可能性是存在的。因为它总是同向的，它有可能是激发的因素。我还可以告诉大家一个消息，国外也有同样的一些资料，你们去找，我只是在报道上看到的。最近有一些地震报告，马上有人说现在究竟是不是活跃期有一个报告说国外有一个研究说明减压以后对地震有激发作用，至于哪篇文章大家自己去查。

第三，地震不可测的问题，我只说一句话，如果说地震不可测是一个外行人的讲话，我们觉得可以原谅。但是地震是地下一个明灯，我们可以通过地震波把地下很多构造搞清楚，地震成像以后是20世纪非常成熟的问题，我觉得还是做的工作不够。

杜乐天：地震未发生之前所谓的前兆并不是地震引起的，这不是一个父子关系，而是兄弟关系，决定于另外共同的动因。地震前兆不是地震引起的前兆，而是地震发生之前的前兆，地震是后果。

主持人徐道一：原来地震界采用前兆，徐好民很早就提征兆，征兆和前兆确实有差别，大家不是都同意群策群防，这不光发动群众的问题，还要有理论来解释，今天我听了他讲，当然我们都很熟了，他讲征兆地震学或者叫征兆学可以作为群测群防的理论基础之一，我们这个讨论会不知道大家注意没有，就叫做征兆预测方法的探讨，就用“征兆”这两个字，刚才前兆可能有说了，还有过去说宏观前兆，这又着重研究最薄弱的宏观的前兆部分，这就叫征兆。

徐好民：宏观异常集中了，加速了，就意味着地壳运动很强了，马上就要大规模破裂了，地震了。

姚清林（中国地震局地质研究所编审）：几年前研究灾害链的时候我提出过一个观点，是基于场效，以场为传递对象的区链观。按照这个观点前兆没有专属性，也就是说并非某某现象必定是某某自然变异事件的前兆，而是各种现象的组合、综合、整体特征可以预示其后一定时空内所有事件的孕育或发生,或者说整个前场是整个后场的前兆。具体到地震事件而言,地壳或者地球系统发展过程中会出现不同的现象,这种现象可能是某次地震的前兆,也可能对应后面其他的一些自然变异事件,这就要从整体上进行分析,从前场整体组合中表现出的非均衡性特征,分析后场非均衡性特征中可能蕴涵的地震等自然变异事件的信息。这种认识至少有两方面的意义:一是可避免前兆现象与地震之间的单一对应模式常会出现的困扰地震工作者的问题——某现象可以较好地作为前兆对应某次地震的发生,类似的现象却不能对应另一次强震的发生;二是前场的不均衡性特征图像并非仅仅对应或预示临近的某次强震,它同时也可能对更深远的时空内的其他强震等自然变异事件的孕育发生有一定的指示意义。

陈一文:下面我念一封信里面有一段话。我想说明一下如果大家能够对下面这段话有所认识,这段话可能成为我们会议里面最重要的一个推进科学技术进步的方面。

这封信是我在 2008 年 3 月 4 日写给赵文津院士一封信,我主要是推荐、评价张铁铮老师的研究成果。

以我粗浅之见,1922 年出生、2010 年 86 岁的张铁铮最伟大的成就,并不是他作为“中国以至世界地震预测科学当之无愧的先驱者”的杰出成就,而是 1996 年已经写好却因挑战当代占主导地位基本理论过了 12 年至今依然未能够正式发表的《应用地磁对地壳构造运动的研究》及其 2007 年 12 月完成的补充说明。

张铁铮 60 年代以来,从长期、广域、地磁场异常动态变化观测分析研究中,发现了长期、广域、动态地磁场变化反映地壳构造运动，既反映古代地壳构造运动，也反映当代地壳构造运动及其未来发展趋势。

张铁铮老人的这个科学观测发现，绝非一般科学发现，而是科学新学科奠基之发现。在选取更合适的学科名称前，可以暂时称这个学科为《长期、广域电磁场动态变化——地壳构造运动分析学》。

对于中国当代与未来经济发展而言，这个新学科具有极其重大的科学意义、经济意义与国家安全意义。

中国已经规划与将规划几十座核电站的合理选址。已发现，中国某些海岸区域海水上升的速率似乎比世界其他海岸区域快，海水上升的同时是否陆地在下降？长江下游某些区段目前水位与100年前水位线差别非常显著，近百年是否继续发生缓慢的地壳构造运动？目前规划中，或者未来规划中的某些超巨工程，与当代地壳运动及其未来发展趋势是否有冲突？

值得注意的是，张铁铮2007年12月完成的《对于1996年定稿的〈应用地磁对地壳构造运动研究〉的补充说明》中，张铁铮老人与世无争地宣告的下面这一小段话可以认为是他的科学遗嘱。

他说，笔者老矣，对个人已无多担心，但必须将对于中国境内未来地壳构造运动可能出现的后果的预测意见毫无保留地告诉后人。当代其他学者如认为笔者意见有不当之处，欢迎批评，但后人和规划者切切不可不予以考虑。

张铁铮老人一直长期写的文章到现在也没有能够发表出来，他用地磁场大区域、长时间的发展变化与趋势，能够揭示出来王若柏老师刚才讲的，每个地方在什么时候是上升的，什么时候是下降的，然后下降了之后何时又上升，可以揭示得非常清楚。

主持人徐道一：对不起，我掌握会议耽误了休息时间了。现在休息了。

主持人汪成民：我们上午的第二阶段会议开始，下面就安排两位同志发言，这两位同志一位是老姚，一位是老蔡，请你们两位在 15 分钟之内讲完，之后一直到吃饭请许院士讲。

◎ 三合一综合预测法

姚宝树副研究员

姚宝树（中国地震局地壳应力研究所）：

我报告题目是三合一综合预测方面的探索与实践，在《灾害预测方法集成》47 页。地震是一种地质现象，地质活动前兆现象都是和构造有联系的。发现地震活动沿着扩张带，但是有一些地震前兆信号震和前震有异常的，有相同的。张北地震之前没有前震，但是这有信号，这是 4.2 信号在前端的异常。这个在 1997 年 11 月 29 日同样是这个台站也同样出现类似的异常,在12天以后就是这个图上的异常。这个异常的形态和1997年5月25日之前两个形态是非常相似的,两个图像有一个是突降然后突升。

主持人汪成民:我补充一句,他用的仪器是地震局高精度地温观测仪,这个精度是现在用的千分之一度,分辨率可以达到万分之一。

姚宝树:这两个曲线的对比,这两个地震从地质构造来说,是在同一个构造带上。宣化地震和张北地震相距60多千米,两个地震在同一个构造带上,两个前兆异常相似。现在如果在震前有信号震,从地质构造上分析,然后再观察临震的异常,放在一起地震有可能抓住。当时填的是1997年12月20—31日在张家口、怀来可能发生5.0～6.4级地震,结果2008年1月10日在张北发生6.2级地震。

两个地震异常相似,而且后来分析,震级相似,而且地震波形也非常相似,应该说同一个地震异常相互作用。后来根据这个方法1996年5月3日在包西那个地方也进行预报,在1月4日先在内蒙古阿拉善发生了5.3级地震,当时1月4日首先出现地热异常,突然就一个突跳之后一个突降,这个异常当时离台站700多千米,之后2月28日又突然升起,而且有脉冲这也非常相似。后来地震发生了,在整个弧形构造两端,这是先发生地震,地震发生之后1月4日到5月3日,几个月前地震发生了。前兆异常地质构造信号,这实际上是信号震,这三个都是有一定关系的。

这是2010年2月25日云南元谋5.1级地震,我根据当时地震情况,小震纵向排列,小震成排地排列,我当时说下一个地震应该南迁,元谋正好画在圈里。根据当地的地热,后来这发生了 5.1 级地震。

杜乐天:纵坐标单位是什么呢?

姚宝树:这是地热值。

杜乐天:地温的温度是吗?

姚宝树:对,这是 19.1637℃,上面是 19.2331℃。

杜乐天:摄氏度?

姚宝树:对。

杜乐天:多深地温?

姚宝树:这个井具体并不太深,在 100 m 以下。这是对台湾地震的报告情况,当时 2009 年 6 月 28 日台湾发生 5.1 级地震,结果我就看到福建地热情况,我觉得 5.1 级后面应该有地震,我 30 日预测 5.1 级附近预测有 7 级地震有可能发生,结果在 7 月 14 日发生了 6.7 级地震。后来我根据这几个台站,这里地热有反应后来也报了。这个地热突降以后先是 5.1 级地震,5.1 级也是信号震,后来发生 6.7 级地震。

青海地震以前 2010 年 3 月 24 日西藏聂荣县发生 5.7 级地震,当时因为地震发生在青藏,我就闪了一下,当时考虑云南的事,结果后来 21 天发生在玉树,玉树之后 4 月 17 日聂荣又发生 5.2 级地震。这个地震在 130 min 以前还有一个 4.6 级前震,说明这两个地震是同一个应力场。这个地热下降是

3 月 15 日，这下降以后 24 日发生信号震，这个下降异常和三个地震同一个异常，这说明三个地震实际上是一回事，是一个应力场在活动，这就说明每个地震前前兆非常明显，关键是我们怎么样来抓。

主持人汪成民：下面请老蔡发言。

◎ 冬季副热带西风急流的夏季旱涝预测法

蔡尔诚教授

蔡尔诚：

各位大家好，我的发言稿在《灾害预测方法集成》的 53 页。从发言稿里面抽出三个图来说明我的看法和想法。旱涝预报认为是气象预测最困难的，究竟困难到什么程度，请大家看国家气象局预报中心 1997—2006 年的夏季旱涝预测图，另外几年在另外一个图上，就不再演示了。这里面需要介绍的是怎么样来看这个图，比如说 1997 年预报，可以看得很清楚 1997 年国家气象局预报中国多雨区或者涝区主要在东北、华北和长江一带，实际上多雨区发生在东南地区，就是说预报多雨区没有出现多雨，没有预报的反而出现了。按照气象界的说法是“大翻车”。1998年国家气象局的预报多雨区一个是长江流域两侧，实际上发生了，这是比较准的。可是东北多雨区是三江平原和河套，结果真正多雨区出现在少雨区范围。1999年预报的多雨区实际出现在少雨区。整个上述12年当中，中国中东部基本正确是1998年，部分准确是4年，完全相反的失误一共有7年，部分正确以上成功率41.7%。

第二个问题想向大家请教的，为什么旱涝预报这么困难？这个问题我也思考了一二十年，我认为旱涝是在大气圈里面发生的，大气圈按照科学哲学的观点，属于“自组织系统”，这类系统有这样两个标准：一个系统从发生、发展到消亡，它与环境之间不间断地进行能量、物质和信息的交流，通过这样的交流使这个系统自身得到发展，这是一方面。

另一方面就是环境的改变，这个系统又能够调整自身的结构来适应环境。按这两个标准，自然界发生的一切物质和运动几乎都是自组织系统，而人工制造的一切物质绝大部分都是“他组织系统”。他组织系统的特征正好和这个相反。

自组织系统由于这么一些特点，所以它产生三个对影响预报很重要的东西。第一个它是无限开放。自组织系统要和环境交流，这个环境直接影响系统的因素是有限的，但是环境影响因素的背后还有第二层、第三层的影响因素，这样就成了无限多影响因素，因此开放的范围是无限的，是没有边界的。

第二，在两个因子A与B之间、当随机的第N个因子介入后、造成的影响会使A与B的关系成为非线性的。这个具体的证明就不多说了。

第三，随着随机因子增多将产生蝴蝶效应。1993年美国麻省理工学院气象学家洛伦兹(Lorenz)为了改进长期预报做了一个实验,他用13个动力学方程来描述大气运动,输入计算机运算一段时间后,从计算结果中给以百万分之一的误差,之后继续运算,最后结果出来发现,运算出的最终数据和预期的理论上结果差了十万八千里。他把这种现象比喻为:在南美洲热带丛林里面有一只蝴蝶,这个蝴蝶扇动翅膀,这给大气运动带来扰动,这个微不足道的小扰动经过一个月后,可以放大为在美国东部形成龙卷风,这样一个变化过程实际上是不敢想象的,所以说长期预报非常难,难就在于自组织系统中无限多影响因子间的非线性关系在长期过程中可以不断放大。因为这样一个原因,气象部门发布预报1天、2天、3天,5天以上的很少,一个月的预报根本不发布。2009年4月9日《人民日报》采访中国气象局的时候,两位气象专家回答这个问题,他们说现在国际上的旱涝预测还处于起步阶段,对我们来说也是这样,尤其是东亚地区的旱涝预测更为困难。

自组织系统有上述三个特性,可是我们在认识自组织系统的时候用的是欧洲文艺复兴以来的"分解思维"。分解思维我的理解是它有两个要求,第一,必须对需要认识的事物一层一层地剥皮,所谓一层一层剥皮就是一层一层地寻找原因。第二,在剥皮的基础上因和果之间要寻找1+1=2的关系,即一一对应的线性关系。在现在大气科学理论里面基本上按照欧洲文艺复兴以来的上述思维一个一个找原因,可是很多年以来始终做不到这一点,只能近似地用有限的几个因子间的线性关系去替代真实大气运动中无限多因子耦合后的非线性关系,我是这样理解现代大气科学在长期预报中的困难的。

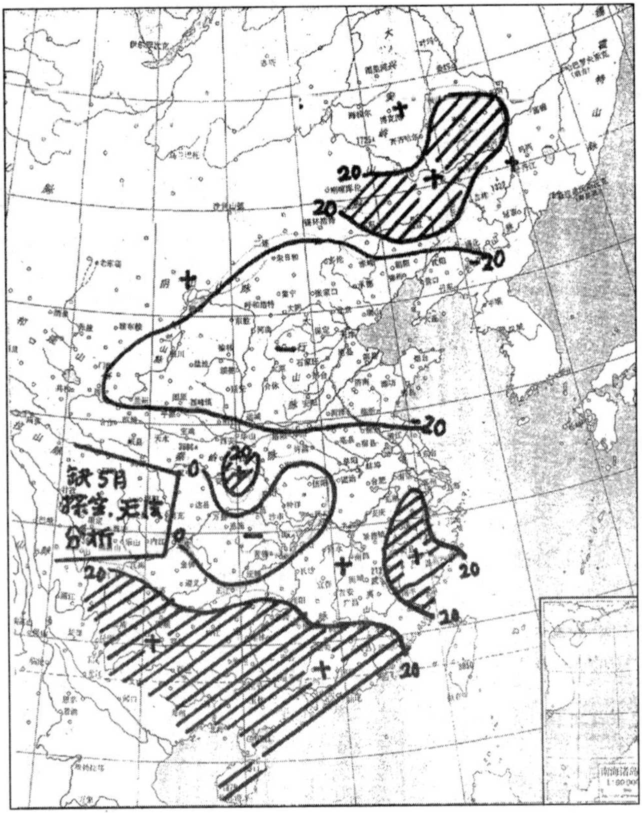

图 9　2010 年预测 5—10 月降水分布

长期预报怎么办？用分解思维来认识长期气象变化确实是非常困难的，我思考一段时间以后，觉得中国古代形成的“整体思维”可能能够解决这个问题。我查了很多参考资料没有定义什么叫整体思维，我个人的理解，认为是两条，第一，整体思维不要求一个一个找原因，或根本不去找因；第二，整体思维不要求在因果之间建立 1＋1＝2 的线性关系，可以是任

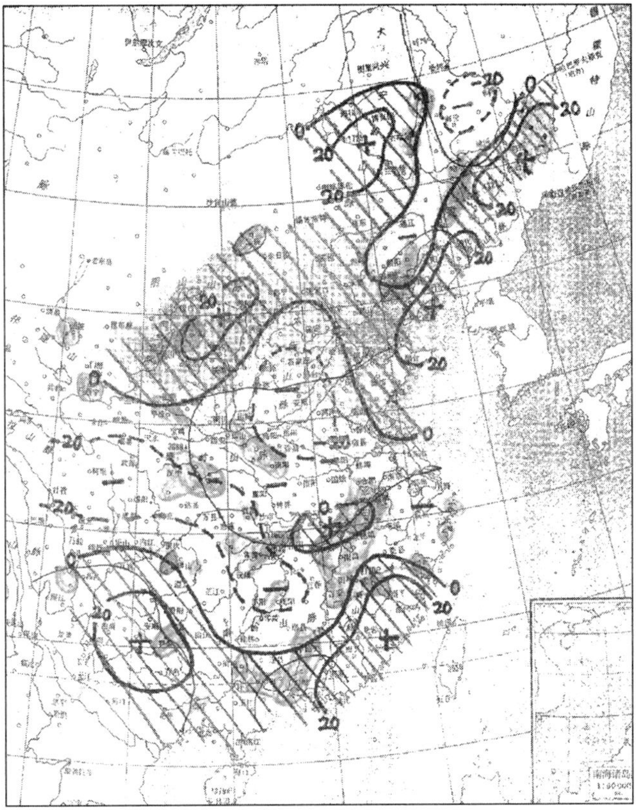

图 10　2010 年 5—7 月降水实况分布

注:图 9、图 10 是会议后由作者提供

意非线性关系,这些因子与关系最终形成一个“合力”,这个合力是一个打不开也不知道里面是什么东西的“黑箱”,但这个“合力”或“黑箱”决定了大气运动未来发展的方向。长期天气预报的关键,我认为就是要找准这个“黑箱”。

这张图不是我绘出来的,而是 20 世纪 50 年代、60 年代气象学家已经绘制出来了,是 12 月至 2 月,冬季全球能量分布图，下面是6—8月夏季全球能量分布图，这里纬度是0°，这边是北半球，这边是南半球，从这里面可以看出来不管环境因子给大气层加热的因了有多少，或者无限多个因子，最终都是以能量合力的形式储存在全球大气层里了，它也不是乱七八糟的，这里有一个规律性分布，就是在冬季，在北半球形成了一个最大能量区，也是最强的风速区。这正好是在30°N左右上空，也就是中国长江流域上空，这是全球大气层中的最强风区，即副热带西风急流。另一急流在21 km以上，并且是在高纬地区，对中国气象影响已经不大了。我认为在这个冬季西风急流最大的高能量区，影响大气运动的全部加热因子都集中在这里形成了合力，至于单个因子之间是什么关系，不再考虑了。

北半球西风急流有一个很巧妙的冬夏变化，到了夏季这里变成一个能量非常低的静(微风)区即副热带高压区，其后部就是主雨带区，所以冬季西风急流和夏季副热带高压形成“手心”与“手背”式的一一对应关系，可以用来做预报。根据这个方法我做了13年的中国夏季旱涝预报。1997年我预报多雨带是这三个圈，实际上基本上套上，不是套得很严谨。1998年我预报这三个大圈，这是长江流域，对了。东北套得不是很好，大部分错了。1999年是这样。最终统计结果：13年预报效果旱涝基本正确了4年，大部分正确8年，完全错误1年，与国家气候中心的预测相比由41.7%提高到92.3%，做到了连续比较稳定，改变多年来长期预测一年对一年错的状态。我做的这13年预报都是提前两个月做出来(图9、图10)，并且这些都公开发表在黑龙江一张报纸上面。这个方法还有错误和不足，因为时间关系就不再细说了，谢谢大家。

主持人汪成民：用很短的时间听两个非常好的报告，第一个报告有很扎实的基础,实际观测资料。第二个报告有很好的科研思路。下面请许绍燮院士作报告。

徐道一:我头一次听到老蔡讲,他的报告提到一个自组织的,你觉得自组织的跟你新方法是不是一致的?

蔡尔诚:一致的。

主持人汪成民:好的。下面请许绍燮院士作报告。

◎ 地震震级分级时空研究法

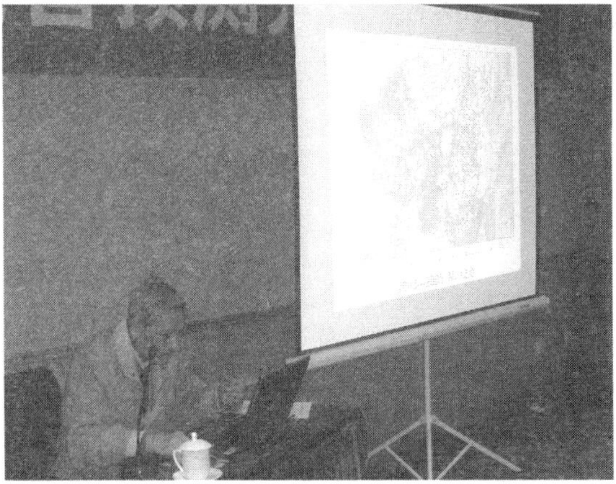

许绍燮院士

许绍燮(中国地震局地球物理研究所研究员、中国工程院院士):

各位同志上午好,会议给我一点时间发言。我重点要讲汶川地震震例是否验证了地震不可预测,说地震没有前兆就报不出来,哪些东西都一点反映都没有,说明地震不可预测。我这个题目是答:否。这个报告里面讲了四方面的内容(以下略，详见附录许绍燮院士的报告“汶川震例是否印证了地震不可预测？答：否”）

主持人汪成民：下面进入讨论阶段。

杜乐天：从地球化学的角度来看，地震的震级大小可能来自地球排气不同深度。低级别的是气源浅；中级地震（5～6 级）气源来自上地幔气圈，深的气源导致大震。小于 5 级地震排气主要是上地壳，中地壳，这个气主要是二氧化碳、水，都是些大分子。到了上地幔气圈，这里面就有氢气、氢原子、氢分子和氦原子。大于 7 级、8 级、9 级的，这就来自地核强大的氢气圈。氢气使岩石破裂能力极大，几百万大气压，不到 1 天就可以上来。

任振球：是里应外合呢？

杜乐天：太阳就是氢气球，地球里面氢气也很多，超出学界的想像。我的地震分级看法和许院士不谋而合，地震是分级控制，分层控制，分层是深度控制地震级别。可以叫做圆锥效应，越深从源区向上影响面积就越大，浅了同样的顶角影响面积就小。在此顺便指出，耿庆国同志指出地震级别和旱区面积大致成正比。凡是大旱、大震其排气源头都在地核氢气圈，向上可影响地面 10^6 km^2。在此强烈呼吁：现代的气象学完全不顾地球强大的排气作用对大气种种异常和气象灾害的决定性影响，已经给全球各地灾情之前无法预测预防造成了惨重损失。用不着在深奥的理论上争辩，只要看看下面一个最浅显的事实就够了——那些先进的西方气象学理论已经多年了,但大灾大难仍然年年频发。那些理论无法揭示真正的原因,只是流于事后解释一番应付大众。过不多久,灾害再次降临。气象学和地震学现在在大灾面前相当被动和无奈,现在是该彻底加以反思和摒弃洋教条的时候了。在中国早已有众多新发现,国人不应视而不见,充耳不闻。

郭增建:许院士说了之后我跟着说几句,过去说地震预报报不出来,现在怎么突然间看了自组织现象了呢?因为演化学、逻辑学把复杂的结构相互作用。后来人发现前面有序,不管哪一种反正归到有序到回归的时候逐渐要各自组织临界的阶段,这个阶段很自然的,但是是自组织临界。因此这个地方要出现很大的复杂性,长距离长程关联,所以自组织临界为什么这样复杂,而又有很多人认为地震不可能,刚才许院士讲了这个地方不可能,今天补充一条很重要,就是无结构,就进一步把这个问题说得更清楚一些,再清楚一些。当然有结构,当然这个问题还可以进一步讨论。

徐道一:我就他说的自组织问题也讨论一下,许院士提的我同意。既然组织就得有结构,从疑问质疑上讲也是这样,用沙滩模型来否定地震预测,那还不是自组织的角度,不是复杂系统的理论,所以这本身用自组织是不是存在问题。自组织我的理解是自己组织,不是像西方科学认为要人去找到规律,复杂现象背后的规律,这是自组织。所以自组织既然影响到地震预报能不能预报,我们从传统文化的角度,从地震预报的角度,从气象的角度都可以进行深入的学术讨论,我不展开了。

再补充一个,自组织理论,他很明显提出来了要区分,我那篇文章讲实际上地球上跨越式的可变现象或者西方地震界说的长期相关，这是承认的。所以这些都表明自组织理论可以支持地震预测的，特别支持中国一些自主创新的方法，这是符合或者相似于西方的自组织理论中的成分。

汪成民：如果从大地垂直运动测量角度，青藏高原有一些地块有一些时期是上升的，有一些时期是下降的。下降的过程中是一种旋转，上升的过程中是另一种旋转，而且由于青藏高原比较厚，面积比较大，所以这种旋转非常大。我们知道水龙头往水里冲水的时候，让它自己沿着点往下流，它马上就有颗粒。北半球和南半球是不同的，这种大的构造应该研究第一旋转方向是不是一致的，不一致是不是左拧右动上升互相间歇形成的，这样的话就分析构造成因，我认为很有用的。

许院士说了地震具有季节性，为什么具有季节性呢？这跟地球自转有关，太阳在赤道出现秋分速度要减慢，太阳在夏至和冬至的时候要加速，这也跟自转速有关系。

郭增建：蔡尔诚同志的报告我认为很好。中国的思想是一个整体观，他从总体观找到一个正确指标，就是冬季副热带西风急流，包含夏季旱涝的好多信息，这是东方思想的一个体现，所以我觉得他说得很好。

姚清林：根据我们目前的研究，地块旋转方向的变化是随着地区的不同而出现的。如果说青藏高原下降的过程中是一种方向的旋转，上升的过程中变化为另一种方向的旋转，有没有观测依据？

汪成民：这主要是一个理论猜测。

朱文琳：你们现在所听到解释的大气变化，环球变化，厄尔尼诺现象，这不是气象变化原因，而是一个结果。这套东西是气象理论里面模拟实际气象的理论东西，我觉得蔡先生整体观最好，青藏高原分成南支北支，这个很好，我觉得一定要结合 10^3 乘上 50 年以上再乘上这样 365 天，这样时空场提供各个具体气象站和气象资料，这才能达到气象预报所要求定时定编定量定强度，我现在不认为靠现行这套气象科学理论，这套预报，就是先预报形势，先预报气象理论的概念再去预报，我对这个提高一直抱着怀疑。

主持人汪成民：下面我们有请赵玉林研究员报告。

◎ HRT 波

赵玉林研究员

赵玉林（中国地震局地球物理研究所）：

HRT 波方法的基本思路，HRT 波就是潮汐力谐振共振，这是我们 1976 年唐山地震的时候记录到震前，记录到 7 天 RT 波，我儿子是搞航天的，他说电机坏了要给一个刺激，电机的轴当成黑箱看坏在哪儿，他说你们也可以用这个办法，我们把这个概念引入过来，要给地球一个刺激，这可不是容易的，只能用潮汐力波。就是说一个碗破没有破敲一下，破碗与不破碗敲的声音是不一样的，我们谁能敲动地球呢，用潮汐波敲，这能不能出现跟平时潮汐力不同的波，下面讲这个模式。

地震在极大值以后同样一个潮汐力波加在这个地方引起非常小的正弦变化，这个用低电检测是检测不出来的，平时看不见，在什么时候能看见呢？当这个东西同样的潮汐力大小的波，加到这个极值附近，这个东西就有一个放大，过了之后这边还有一个反向的东西。我们推公式，潮汐力波跟着震源处，也就是这条曲线的导数。等过了这一阶段会出共振波，它有一个突然的下降或者是上升，之后还有一个突然的上升或者是下降，这两个共振波的倒时差和震中距有关。

我们在 2003 年底发现了川滇地区要有特大地震，我们用新的仪器要抓这个前兆，当时我们的预报思路就是地震前兆一定要设在震中区附近不可能很远，按照这个思路把好不容易拿到点钱投到川滇地区去了，是想抓川滇地区大地震，但是我们记录到异常以后报川滇大地震但没有发生，在这期间来了苏门答腊 9 级地震。苏门答腊距离我们台站 2900 km，这么远的东西能不能记录到。在这之前记录到一个 HT 波，地震的时候记录到共振波，这边有一个突然下降，这个距离 14 h，乘上后来得到的虚波是 2900 km。这么远的地震里面是不是有关，这是四川红格台，这距离9级地震近，可以看到这个波形是非常一致的。根据这个相速度推出来也是对的。

另外一次地震就是班纳海地震，可以看到在四五天之前的HT波，到这里出了共振波，计算出来跟实际震中距是一样的。我们统计得到震中距和到时差的关系，统计得到震级和断层系统的固有周期。这是给出来有地震，有HRT波地震分布图，这是实际震中距和预测震中距，实际震级和预测震级的情况。这是汶川地震半月潮，我们在分析的时候，从极大值前面到极大值后面有一个判断刚度小于等于0，之后得出一个模型，是这样一个大的HT波，之后一个小的HT波，这是汶川地震实际记录的，这个时间是2008年5月5日，我们已经过了刚度等于零的点，从这个时间加7天预测主震要来临的时间。

这是汶川地震的共振波，可以看小红色的都是共振波，之后越来越大。这个是地震之前5月12日0点，我们当时只剩一个台了，开始出现明显下降，这是0点到早晨七八点钟，地震在这里来的，这已经是地震之前的滑动信号。从0点开始这么滑动，我和钱复业就不能睡觉了，就一直看着。

玉树地震，当时用倒查给出震中距，当时有一两个台不行，玉树地震有三个台，在山东济南台记录了，这是冕宁台，这三个台给出震中距就可以画圆交了，这三个圆东部交汇区是这样的区域，根据方位角和地震活动性当时重点放在这个区域。这个区域画这三个圆的内切和外切圆，这就是我们的预测区，红点就是实发的玉树地震。从科学上讲画出这个圆之后钱复业10号还是几号打过招呼，通过这个证例就证明我们HRT波整个这套预报思路，台少给震中距，台多给交汇点，这个思路在科学意义上讲，我们这是一次接近实际的预测检验，完了。

三、天地耦合预测方法

时间：2010 年 4 月 27 日下午 14:30—18:00

地点：金隅凤山度假村悦宾楼一层第 13 会议室

主持人汪纬林（中国地震局地球物理研究所高级工程师）：我们好多人都按时到了，我们抓紧开始，时间比较紧我们就不耽误时间了。我们下午的会议开始，下面有请姚清林编审发言，他的报告在《灾害预测方法集成》的 81 页。

◎ 追踪预测地震的热红外等方法

姚清林编审

姚清林：

我讲的是如何利用热红外等手段对地震的孕育、发生趋势进行判断，进行短、中、长期意义上的预测与短临追踪预测。2004 年苏门答腊发生了 9 级大地震，我在看卫星热红外图像时发现这次大地震前有非常大范围的升温。这个升温有一个特点，就是从西向东逐渐加重，逐渐迁移。我把它分成3个区，西区、中区和东区，从这张热红外图像上可以看得很清楚，从左侧到中部、右侧热红外升温的范围越来越大。当时我就判断，热红外场向东的加重和转移不会是无缘无故的，苏门答腊大地震直接对应的只是中区，我当时估计右区可能隐含有其他地震的信息，因为地震的孕育过程并不是单一的。按照以前我在研究灾害链时提出的场效、区链的观点，地震、暴雨等自然变异现象都发生在具有一定特征的场中，它们的孕育过程、效应或影响会从一个场过渡到另一个场，也就是说具有区域性的链接关系，以往人们观念中的链接点在此观念中其实是无数的场。既然是场，所包含的变异事件(对应于具一定特征的非均衡演化点)就不是单一的，也不是单时间的。这些事件前场中的演化信息也是整体的、综合的，之中蕴涵的“兆”信息也不是单一的。每一个时空场里包含的信息，不仅仅是针对某一次大地震或者其他的自然灾害事件，更晚一些时候发生的地震或其他自然灾害事件信息也已经提前包含到里面去了。场的发展同时在程度不等地孕育着该区一定时期内的所有自然变异事件。后来我发现在苏门答腊9级大地震之后，果然在原东区热红外场的周边又发生了很多强震、大震，包括8级以上的大地震，你们看这里列举的便是其中的一部分。从这张图可以看出，随着应力热场的发展，它们对后来若干年强震的预示意义表现得更加清晰与准确到位。这种现象在其他的大地震过程中也得到了验证，比如说2008年汶川8级大地震前有一个于田7.3级地震，当时我在分析于田地震前热红外的一些图像的时候，发现作为于田地震前兆的红外旋转椭圆，实际上已经包含了汶川大地震的信息，从这个图中可以看出包含于田地震(在内核边部)的红外旋转椭圆的右下角就是汶川地震。从这张图可以看到红外场的推移发展过程,左侧旋转椭圆处于逐渐退化的过程中,右侧的红外旋转椭圆表现出新生的态势,正在逐渐地形成,核心温度比较高,层次结构也比左边复杂,呈现向东漂移的趋势,到了第 2 天东侧更大的新生热红外椭圆就形成了,汶川地震就位于新旧椭圆的交界点上,而且这里有好几种因素都预示着汶川地震的发生。当时实际上于田地震还没有发生,这些热红外椭圆与其发展、变化现象也还是于田地震的前兆。从这张图像可以看出,于田地震结束以后若能根据红外图像反映的全息性、多时程地震孕育特征,进行追踪监测预测,有不少热红外特征信息都可以指示汶川地震的发生和三要素。

与点不同,场特征至少是面状的,实际上热红外等反映的应力场,地球物理、化学场也不可能仅仅是二维单层面的,而是至少具有一定的立体特征。由于该项分析时间维的不可缺失性,它实际上是四维的。可能有同志认为这就增加了分析的复杂性与难度,对它的分析也确实有较高的技术含量。但在具体的预测性监测分析时,并不是对全时空“兆”或事件信息同时进行的,而是按不同的成熟度、量级、时空特征等解析出具体的、个体的事件演化过程分别进行追踪与预测分析的,且对近时空场与远时空场事件的鉴别分析分别有不同的原则与方法。时空全息信息分析虽然有一定的难度,却会减小其不确定性与不可靠性,降低误判风险,提高预测的及时性与准确性。

还有很多其他方面的信息可以作为辅助的判断依据,比如说活动构造、地应力、地球物理、地球化学、地面与地下温度、旱震、地下水等，有关这些信息的观测分析很多同志在做我就不细说了。从于田大地震到汶川大地震，4 级以上地震的迁移形成了这样一种结构，这个结构我把它叫做点弧结构，它对未来地震的发生趋势的判断也有辅助意义。这个结构的左端发生了于田地震，中间的弧形上发生了汶川地震，右端也将会发生比较大的地震。

地球排气和未来震中的吻合图说明某些暴雨等气象现象对未来地震的辅助判断意义，左上角的地震是 2005 年 6 月 4 日的 7 级地震，中间这个矩形是 2005 年 6 月 22 日的西江大暴雨，你们看大暴雨的走向和位置正好是在它的迁移轨迹上，再向前迁移到哪儿去了，迁移到了 2005 年 7 月 5 日的 7.2 级地震，从时间和位置上暴雨都和地震的迁移非常吻合，这种现象也是一个辅助性的判断因素。

强震时空分布结构的辅助判断意义，是我在分析一些强震发生的几何图像的时候发现的一种很有意思的现象，这个是 1979 年 4 月 10 日的 6.8 级地震，迁移到这个地方是 1979 年 9 月 29 日的 7.2 级地震，迁移到这个地方是 1979 年 11 月的 7.2 级、7.5 级地震，之后到 1980 年 1 月 2 日发生了 6.9 级地震，这便形成一个封闭的几何构图。这种现象在很多的时空都可以看到，刚才那个是最简单的，比较典型的。这张图是带角部振荡的，就是 1980 年 1 月 2 日的 6.9 级地震，然后到右上角 1980 年 2 月 23 日的 7.2 级地震，然后在这个角上振荡了一下，1981 年 1 月发生了 7.2 级、7.5 级、7.2 级地震，之后长距离西迁，到这个地方于 1981 年 6 月、7 月发生 2 个 7.2 级地震，再于 1982 年 1 月迁回起点发生了 7 级地震，也形成一个封闭的震链几何结构。

可以看出不光有角部振荡，有时候也会在边部振荡。先从 1983 年 4 月 7.0 级地震开始，5 月、6 月向东北发生 2 次 7.1 级地震，然后在 10 月份远远地跑到西边又发生一次 7.1 级地震，再然后 1984 年 3 月沿着这个边振荡回来发生了 7.4 级、7.3 级地震，8 月、9 月、11 月逐步向西南迁移发生了 7.1 级、7.7 级、6 级地震，1985 年 7 月、8 月向西北发生了 7.0 级、7.1 级地震，最终也形成了封闭的几何结构。这种几何结构对未来的地震具有某种预示意义或辅助判断意义，比如，汶川地震前在其周围已经形成了一个封闭的几何结构，其东北角在 5 月 8 日发生的 7.1 级地震与之后发生的汶川 8 级地震，构成了几何体上的角振荡格局。当时仅仅从这个判断，在一些会议，一些场合我就说过，可以判断下次强地震会向东，向东北角迁回去，因为这是振荡的格局，因为封闭的结构已经形成了，果然在 6 月 14 日在汶川东边，在几何体东北角附近的日本发生了 7.2 级地震，7 月发生了 7.6 级、7.3 级地震。今年玉树的地震有人进行过预测，因资料的缺乏与种种条件的限制，我并没有做预测，但奇妙的是，我这个图像对这次地震很好地“预测”了，你们看这张图就会明白，这是汶川大地震前的图像，就在这个位置，应力热场反映出的典型的孕震点，不是汶川大地震的，而是对应在了玉树大地震上。这也又一次验证了我前面讲的卫星红外图像的全息性与自然变异事件的多时程共存性，也符合点弧结构。两年多以前的图像上很好地预示了玉树地震的存在和发生，非常有力地证明了我提出的方法的有效性。

根据我讲的方法与趋势判断，可以对具体的地震三要素进行追踪监测与预测，这可以用卫星热红外等各种技术手段，有比较明确的方向与清晰的线索，且震兆易识别，应可明显提高预测水平。我现在没有条件做这个监测，要不然像汶川、玉树这些地震，因为已经有很好的预示信息了，应该是有可能预测的。

汶川地震之后，我分析了几个应该重点追踪的，地震危险性较大的点、线，玉树是一个，但是辅助性的判断指标不支持其紧迫性，我当时没有想到它会较早发生，后来因缺失进一步的资料且工作繁忙，没有条件进行追踪监测与对前期判断进行修正或调整，更多的因素是支持强震往东发展，往华北发展的。我当时提出来华北一线，华北还有一个点，这个点其实也是一片区域，且向南北也可延伸为一条线，当时还提出来一个重点，是从上海往东往日本那边发展，日本确实已经发生地震了，那个线已经初步证实了，不再谈了，现在关注的还是华北地区。除了前面提到的一线一点外，还有另一条连接甘豫的线是否应该重点关注，我没有后来的观测资料，目前还难以判定。谢谢大家。

主持人汪纬林：下面有请任振球研究员演讲，他的内容是在《灾害预测方法集成》第 87 页。

◎ 天地耦合预测法

任振球：我是研究天地耦合方法，这要有天文触发因素，这也就是三星一线时引潮力共振的异常叠加（图 11）。对于地震来说先要有临震前兆可靠的信号，然后加上天文触发条件。这两个同时具备才能报临震，如果有一方面不具备就不能报，这是我过去和老李还有其他人合作交流的共同经验，必须同时具备。我是搞天文的，天地耦合首先是天。我们用实际资料得出来的，也可以说重点是先搞气象，因为气象资料多，地震资料比较少，不好做信度检验，所以我搞的东西首先要通过信度检验。

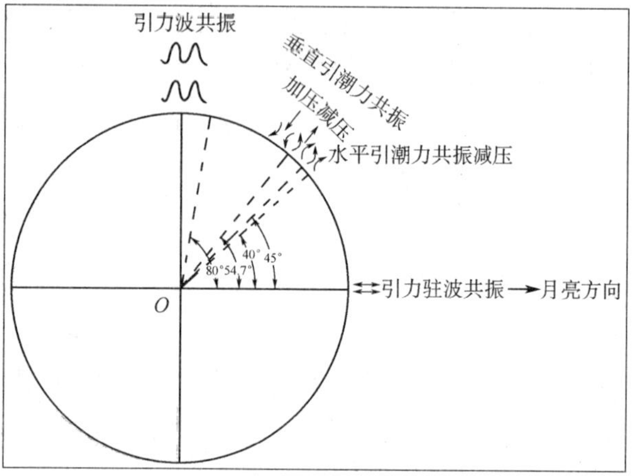

图 11　三星一线时引潮力共振区的示意图

我们最早考察大气潮。典型潮汐理论认为大气潮汐很小，不起作用。我考虑如果外来的天文因素有影响，首先我们用整体思维来研究这个问题，就是把各种可能的因素都进行考察，因为突发性的灾害性天气，突发性地震肯定有触发因素，所以不能光是量变和质变的问题，要把所有可能条件进行全部研究，然后从这里面找出真正的关键。首先研究大气内部的大气运动因子都不能触发。第二步研究各种地球物理，最多地形只能有影响，也不是触发因子，因为同样的路径和系统有时候很强，有时候并不强。最后研究天文因子，包括太阳黑子、质子事件等都研究过，普查下来只有引潮力才可以。我们采取解剖典型办法，首先气象的台风资料整理得很好，我就解剖朔望大潮对台风有没有影响。发现海上遇朔望时有的发展，有的发展很强，有的不发展，还有减弱的，这是怎么回事呢？结果很奇怪，发现，它严格地取决于朔望发生时刻的引潮力的分布。它的信度通过 0.01 统计检验。

三星一线的关键是月亮，少部分是太阳，第三个天体是黄道面的主要天体：一是 7 大行星（地球已包含在三星一线之内）；二是黄道面上 8 颗一等亮星；三是黄道面上 3 颗最强宇宙射电射源。当它们任意一颗与月亮（或太阳）对地球成直线时（视赤经相等或相差 180°）都有很高的统计信度。我选择一颗离地球比较远的恒星，离地球 275 光年的角宿一与月亮、地球成直线时的引潮力垂直分量与当天北半球大气高低压中心的统计关系，结果也可通过 0.04 的信度检验。我计算角宿一对地球的引力，比月亮对地球的引力要小 10^{-11}。这样一颗恒星这么远、力量这么小的天体在三星一线时也可通过统计信度检验，而我们气象学信度达 0.05 就可以用了。刚才说的要严格取决于三星一线时的发生时刻，为什么呢？我们早就提出引力放大假设，后来有不少日全食引力异常观测，还有美国四颗探测太阳系行星的航天探测器也都测到引力异常，特别是先驱者十号观测到向行星飞的时候有一个来自背后太阳方向有附加力，因为这个力量少走了 40 万 km。美国报告如果这个力存在的话，物理学的基本定律就要修改了。

产生一次地震或者一次突发性的气象灾害都必须有天地耦合。对地震来说要在 6 天之内需有 6 个引潮力共振的共同叠加。但要根据历史地震区分两种情形：一些地区的地震在临震期间是由共振减压异常叠加触发的；另一些地区的地震是由共振加压异常叠加触发的。它们在预测时都必须以该地区的历史震例的共振性质为准。

矿难的判据也是在 6 天之内遇 6 个共振加压的异常叠

加。还有，地幔放气、火山爆发也是多天内遇多个引潮力共振加压的异常叠加。

对气象上的特大暴雨，我们首先要有暴雨天气形势，还有其他一些条件的配合，碰到一个共振减压，当天暴雨就会变成大暴雨(大于 100 mm)，如果一天遇两个共振减压的当天暴雨就变成 200 多毫米(特大暴雨)。台风就更厉害了，台风登陆(台湾或浙闽)的时候大于 12 级(32.5 m/s)直至消失日，在遇一个共振减压的当天，降雨就要达到 500～800 mm；如果一天遇两个共振减压的当天，就会加大为 1000～1700 mm。我们掌握的一天下 1000 多毫米的共有 8 次台风罕见特大暴雨，全都是在一天内遇到两个共振减压。去年莫拉克台风两天下了 2884 mm(阿里山)，其中台风登陆当天遇 3 个共振减压，当天降水有可能达到 2000 mm 以上。

冷空气的堆积，主要是在蒙古的西北部的叶尼塞河源头地区(唐努乌梁海)，那里的特殊地形，四面都是 3000 m 以上的高山，仅西北方有一河谷缺口，冷空气贯进去以后出不去；加上那个地区是高纬度最大的重力负异常区，也就是说空气到这里会自动下沉。特殊的地形，和特殊的地质条件，就会有强冷高压迅速发展。紧接着，强冷空气就会袭击我国东部地区。到现在为止，特别是今年 4 月我们估计还会有很强冷空气活动，我国今年整个 4 月可能比较冷，就是根据这种天地耦合条件预测的。我们的思路天地必须耦合，而且要通过同一种类型条件耦合起来。我们对多种突发性重大自然灾害都有一些预测判据，可以用于做预报，可以做检验。

主持人汪纬林：下面请王涌泉教授报告，王教授报告在

《灾害预测方法集成》第 93 页。

◎ 日地水文学理论

王涌泉教授

王涌泉（黄河水利科学研究院）：

我向同志们汇报一下我在近 40 多年做的一些预报采用的方法，咱们这个会议是预测方法的会议。

第一，在 1967 年太阳活动 20 周，接近峰年的时候，峰年一共持续 3 年的时间，1967—1969 年，在 1967 年，接近峰年，我知道了以后把 1966 年大暴雨的情况以及头一年的情况加以研究，我感觉 1966 年已经到了黄河流域，到了中游泾河了。1967 年继续向北应该在北干流上。我参加了多次会议，好像黄委（黄河水利委员会）和气象界的行政主管部门对这个预报不是太留意，我们不是主流。我向当时黄河总指挥部负责人王生源汇报了，他是抗战时在绥德地区担任专员，现在负责黄河防汛工作。他马上就决定，国家当时有规定可以冲击党委和行政单位，但是不准冲击黄河防总。当时防总有公章，给我开了介绍信，叫我向中央防总汇报。我以后向北京中央防总做了汇报，陈东明秘书长马上给中央气象局军管组的组长打电话，决定请气象局的预报人员和中国科学院的有关人员一块参加，开一次会商会。如果大家都赞成就采纳，结果大家赞成。大家说从最近3天天气图的情况来看，你的预报可能在3天以后、5～7天就会出现。当时是1967年7月下旬末，而这个洪水、暴雨是1967年8月8—10日，这个预报是很准确的。8月10日龙门果然来了特大洪水，我在8月10日从北京回到黄委去。这是第一次在“文革”混乱年代做出的预报，从下往上一直得到了支持，很快实践检验证明了。

第二，1978年的时候，文化大革命过去了，中国科学学术活动又开始了，气象局在无锡开了全国的气候变化会议，请我去的，我也去了。在座的有任振球同志当时汇报了他当时研究行星汇合和气候变冷有密切关系，这一点对我很有启发，我觉得这个研究如果是对的话，对我有直接的关系。我就把最近几年来所有他讲的汇合的情况拿来对实际情况加以检验，检验之后发现是对的。然后我就检查另外一个情况，在1980—1983年，太阳活动过程中同样也行星会合，应该注意，我把检查结果又向黄委会领导汇报，黄委会领导非常重视，请我在黄河的四级主管单位防汛会议上汇报，而且打印文件，在《人民黄河》杂志上在汛期以前发表。《河南日报》找我做了专访。湖北省的同志说这个事情跟长江、黄河有关系，我们也要转载，在《湖北科技报》也发了。而中央防总给全国发了一个文件，《人民日报》第一版上发表了。7月份入汛后，中央电视台采访国家防汛总指挥部办公室主任，水利部的一个副部长又详细讲过。从上往下都很顺的，大家都很重视这个问题。

我们在合肥专门开过一个会讨论1980—1983年预报问题，在这个会上多数同志认为没有大洪水，但是有一个单位的工作报告认为有大洪水，跟我意见一致。水利部部长专门交代，开一个小会，大家一块来讨论全国的情况和我的预报，在当时人防在长江大堤上挖了一些洞，对防汛很危险，1980年水还不算太大，在1981年就出现大水了。1981年长江上游嘉陵江、沱江、涪江、岷江等都来了大洪水，这时四川是一塌糊涂了。这种情况下，1981年一出现大家都认为这个预测是正确的。在7月、8月，长江上游出现洪水以后渭河也出现了，黄河上游也出现了。这时候美国人也知道了，叫我到美国去参加天文国际会议。在河南省政府的支持下我去了美国，我在会议上把这个情况给介绍了。这是任振球同志做的工作跟我做的工作结合起来做了1980—1983年的预测。这说明我们不但要考虑太阳活动，还要考虑行星汇合。

我到美国去的时候，见了他们一所大学行星系主任，我觉得他们有进步，把行星通通连起来考虑，不但考虑了地球，还要考虑别的太阳系星，看看有没有共同点，看看有没有地球上可以接受的因素。1996年在国务院台办批准后水利部派我到台湾大学担任教授，我开了一门课，之后把全台湾的天文、地理、气象、水利、水文、环保等，把所有各方面负责人找来，听我讲课，还有大学的教师和研究生。我给他们开了一门课，叫日地水文学与暴雨洪水预测。我研究了海峡两岸的暴雨关系。在这种背景下我从台湾回来的时候，他们那儿有一位许晃雄教授给我介绍了印度洋的海温情况，引起了我的重视。

我回来以后《人民日报》一个记者,这个记者被派到非洲去过,他从非洲寄回来一个材料,这个材料很快在有关报纸上发表出来送给我看。我一看在南非,非洲的最南端有一个国家叫南非共和国,南非的东侧有暴雨洪水,而这个记者还是很能跑的,他从南非往北到索马里都跑了,沿着非洲东部都是有暴雨洪水,这一下就是一两个月,出现了这样的情况。再过一段时间到南亚,到印度,到巴基斯坦,到孟加拉也有暴雨洪水。这时候我已经跟气象局、海洋局同志联系。这时候我跟有关方面联系,中国西藏到青海有异常的暴雪,这个雪下得非常多,而且强度也非常大,这时候郭增建同志给我一个资料,可能中国会地震。这之后又出在一个事情,长江下游闽浙赣地区在 11 月下旬发生大暴雨,这个暴雨的级别相当高,我之后请闽浙赣邻区集中暴雨防洪减灾信息网颜传柄秘书长跟气象单位联系一下,我让他们查一下历史上什么时候还出过这样暴雨,一查是 1953 年。1953 年冬季 11 月也发生了大暴雨,1954 年特大洪水。在 1998 年 1 月在长江中游,汉口出现异常高水位,我把这个异常高水位的水文信息拿来在历史上检查一下,在这时就知道从海洋、大气到降雨到水文统统说明一个情况,就是快要来特大洪水了,所以我就写了报告,而且一直送到了国家防总、国务院总理和国家主席。后来这成了长江抗洪的关键。

我整个工作就是中华民族,中华人民共和国有这个条件,我们可以学习自己和国外的各种各样的物理方面的机制研究,而我们有大量长时间的历史记录,可以检查到底是对还是不对,是发生了一次、两次、三次还是十次、八次。历史很重要,台湾中央研究院院长吴大猷说:“一般研究自然科学的都不重视历史，不懂得历史。要想办法让我们自然科学研究结合社会科学的工作，这样对中国会有很好的帮助。”我觉得历史、物理方法相结合，这是我们今天新的路子。

主持人汪纬林：王先生的工作内容非常丰富，因为时间关系只能讲到这，有一些没有讲完的大家可以看看书。下面有请徐秀登教授发言。

◎ 卫星红外异常地震预测法

徐秀登教授

徐秀登（浙江师范大学）：

我是想讲卫星红外异常的探讨，对于中国地震活动规律与中国板块运动的关系，这个题目比较大，但是我感觉很有意义，而且我也很有信心把这个事情做好做成功。

说用卫星红外异常预测地震，基本原理就是利用地壳构造运动短临阶段所释放出来的地表和大气的升温异常，受辐射的红外辐射强度，用卫星给它照射下来，用卫星红外异常成像，因为它与地震活动的特点，以及时空演变的规律与地震活动的三要素直接联系。我们主要利用这个公式，这决定了地表温度的四次方加上转化系数，就做两个因素，一个是地表辐射单位、面积和强度加上另一个地表温度。大家知道这主要是气象因素和地形的作用和地表的状态反映。在这个过程当中除了原有的温度以外增加一个地震活动，运作过程当中的十几天气象没有变化。就是想办法突出这个阶段的图，异常图减去正常的图，这就把气象的背景消除掉了。

在同一时间，同一地点进行对比，这样就可以容易突出变化规律。我们看看用红外异常探讨中国地震预板块运动的关系，我由远到近由大到小，由表及里的思路。中国在欧亚板块的部分实际上受到南面板块和东部印度洋板块夹击。这个图红的是断裂带，一挤压进一步断裂，一压就形成了地震。中国整个地震构造图都是这么一个图，总的来说分了三个区，一个就是印度板块引起的西部区，东部太平洋板块的华北区和菲律宾板块引起的台湾区。北东向的昆仑山和南北贺兰山南北地震带的三角区，这个挤压出现新疆、西藏，这个挤压出现了云南地震区，这样细分成 3 个大区 5 个小区。你看看西部区，中间挤压就出来应力场，这些东西我们看不见摸不着的怎么办，办法很多，我们用地震构造应力场活动的产物，红外异常这个图像来反映。所以红外异常实际上就是地球运动的一个照相。

我们用这个思路预测过不少地震了，以汶川地震为例。地壳构造运动演变的卫星红外异常图像除了技术处理以外，还有掌握运行规律，主要时间上的演变的四个阶段性，这相当于岩石力学实验平均挤压和差异挤压性能到微破裂到大破裂的阶段。

汶川地震前，4 月 28 日基本正常，以后就热起来了，5 月 2 日温度更高了，到了 5 月 8 日(图 12)开始衰减，衰减以后 5 月

12 日发震，之后 5 月 13 日又有能量消除了。这是不同时间的红外异常的时空动态的录像可以看出来很清楚。

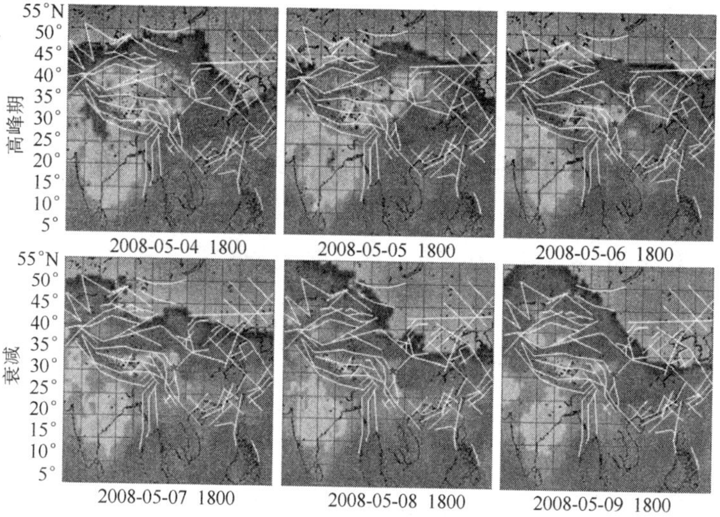

图 12　汶川地震前卫星红外异常图

玉树地震，我们从 4 月 7 日开始看有一点升温，10 日的情况温度越来越高，11 日稍微下来一点，12 日又起来了，13 日是高峰。之后开始衰减，我 13 日告诉他们，14 日马上早上一起来也看快震了，当时没有想到当天就震了。

提问：震中在哪里呀？

徐秀登：就是这个黑点。

提问：这个零点是什么时？

徐秀登：这是世界时，北京是早上 8 点。

陈一文:你预测的内容是什么呢?

徐秀登:就是三要素。异常没有分得那么具体,我第一次确定是4.8级,就是断裂的交汇点,断裂的拐点加上薄弱点。

陈一文:指一下你预测的地点。

徐秀登:我预测地点当时是这两个交汇点。我搞了20多年这个工作了,这种方法是短临预测地震比较有前途的,需要进一步发展的一个新方法,我希望年轻人能够进入到这个领域来。

陈一文:哪一年?

徐秀登:2008年奥运会那段期间我做了无震预报,虽然这边地震异常上来了,但是南北带阻力很大,这一周的情况下北京异常都出现了,但是我说放心不会有震,原因是什么呢?因为这个地方有震必须有板块挤过去。

他们说三峡是不是要有地震,让我看了看,我说没有。无震预报用这个绝对百分之百正确,因为有地震必须有异常,有异常必须先发现。

主持人汪纬林:下面有请胡辉研究员报告。

◎ 天文时纬残差方法

胡辉(中国科学院云南天文台):

我汇报的题目是一种重要的地震前兆,这个报告在《灾害预测方法集成》104页。地球自转速度是个矢量,它既有方向又有速率。以前讲速率变化就是世界时,时间就反映了地球自转的快慢(即速率),纬度反映极点的变化(即方向)。所以时间纬度残差是扣除地球整体运动(自转速率与极移)的影响

胡辉研究员

之后的剩余部分。我们只有一个地球，它在任何一个固定的瞬间地球自转速度只有一个值，不可能有多值。在全世界所有仪器测定的时候，每个仪器测出来的值彼此之间是有差别的，最后要得出一个综合值，即综合解，现在地球自转服务(IERS)就有好几个中心，有 VLBI 中心，有 LLR 中心，有 SLR 中心和 GPS 中心，每个中心都进行综合处理，最后把这些中心的资料综合起来得出一个准确的值，这就是大家公认的地球自转在这个时刻的地球自转速度。

20 世纪 80 年代发现，经典光学仪器测定的地球自转速度，比刚才讲的这几种新技术要差一个数量级，所以在 1988 年以后全球只用新技术测定的地球自转速度。我们测的结果只用于计算时纬残差。每架仪器测出的结果相对于综合值有差是正常的，问题是不能太大，太大了就不正常了，就是异常。所谓时纬残差异常，就是指时间残差与纬度残差分别大于各自的标准偏差的两倍或三倍。这个现象是北京天文台的同志发现的。在 20 世纪我们国家有个授时中心，即上海天文台。当时所有仪器的测量结果都送到上海天文台，上海天文台发现 1976 年 3 月北京天文台的结果特别差，即残差很大。而在 1976 年 7 月唐山地震后，北京天文台的几位同志就敏锐地感觉到这个可能与唐山地震有关，因为唐山离北京不远。接着他们反演了1966年邢台地震，发现邢台地震前也有类似情况。这是中国人的发现，发现时纬残差异常与地震有关。后来北京天文台的同志利用全球100多个天文台的资料进行处理，发现大部分台对6级以上地震震前都有这种异常现象存在，从而得到了证实。北京天文台还进行了多方面的研究，除刚才讲的横向研究外，他们还在纵向方面作了研究，研究了机理问题，经典光学天文仪器是以地方铅垂线为基准进行观测的，而地方铅垂线的变化就反映了当地重力场的变化，当重力场发生变化时就会引起铅垂线变化，从而引起时纬残差异常，所以从机理上也解释得比较清楚。上海天文台也做了一些工作，上海天文台发现在1990年6月5日江苏太仓5级地震前上海天文台中星仪的测时残差与同期光电等高仪的测时测纬残差均有明显异常。云南天文台由于地处地震多发的云南省，所以一直与云南省地震局进行合作研究。经过近20年的研究，发现云南天文台的时纬残差异常与其周围的强震有较好的对应关系，大部分6级以上地震震前都有异常，并为地震预测提供过几次重要参考信息。2008年汶川地震前的3月与4月云南天文台时纬残差出现过同步异常；9月上旬也出现过异常，这是在12月26日昆明4.3级地震前。汶川地震距云南天文台大概670 km，相对方位84°，攀枝花是164 km，昆明地震相距是24 km。

严格来讲，地震前兆应该是地震发生的充要条件，但是目前没有找到这样一种手段，能与地震一一对应的。我们现在所讲的地震前兆，虽然不能与地震的发生一一对应(这是由于地震孕育与地震过程的复杂性)，但它确实与地震的发生有关，所以它决不是噪音，而是确确实实的地震前兆。所以，我完全同意查志元副局长的意见，前兆预报地震是一条有效可行的地震预报之路，我们应该积极理智地走前兆预报地震之路。我也完全认同汪成民关于地震预报的论述：现在的预报主要是依据资料与经验。海城地震如此，唐山地震也如此，基本处于同一水平，从预报的高标准要求（准确提出地震三要素）都达不到。从预报的低标准要求（不很准确，大体估计在一定时空范围，达到事先向群众打个招呼），海城地震可以做到，唐山地震也是可以做到的。我们目前所讨论的预测就是这个水平，这可以减少地震造成的人员伤亡与损失。根据汪成民的意见，我认为我们与盖勒之间的争论无本质区别，但是汪成民所讲的预测是应该做的，是很有意义与价值的，也正是我们目前所做的。而天文时纬残差异常资料的加入必将提高综合分析预测地震的准确率。我的汇报结束了，谢谢大家。

主持人汪纬林：下面有韩延本研究员报告，他的报告在《灾害预测方法集成》第 99 页。

◎ 天文时纬残差方法

韩延本研究员

韩延本（中国科学院国家天文台）：

各位专家下午好，我讲的主要内容是讨论怎么样将天文时纬残差发展成为有效的地震前兆。唐山地震之后张国栋、李致森等人发现了这个现象，之后几个天文台都有人不断进行研究，到现在已经 30 多年了。2000 年 10 月天文界和地震界十多位专家对这方面的工作进行了评议，当时认为还需要对此进行深入的研究，希望有关部门给予支持，进行 10 年持续不断的努力，总结经验。评议会后我们做了一个开展深入研究的方案，但是没有能从中科院和地震界得到经费的支持，在以后的一些年里该研究没有出现很大的改观。当时发现这个现象的时候，李致森和张国栋同志用的是北京天文台的测时测纬的观测结果，当时发现唐山地震前测时残差出现 S 型的双峰，之后回头查邢台地震，也出现基本类似的异常。1976 年 11 月的 6.9 级地震，这个地震前没有异常。天津观测站仪器，这个仪器只能观测纬度，在渤海地震前有异常，唐山地震前有异常。关于国外的仪器，东京的还有水泽仪器的资料在一些地震之前也出现了异常。当时主要考虑大地震，认为距离约百千米的 6 级以上地震，或者是两三百千米的 7 级多地震，在发生地震之前几个星期到几个月就会出现时纬残差异常。李致森和张国栋同志还研究了 20 世纪 70 年代末至 80 年代初东京、水泽的资料。北京天文台光电等高仪的残差变化，大同地震前有异常，以后异常逐渐恢复，但没有恢复到正常时又出现了一个异常，接着发生了小汤山 4.1 级地震。测时异常没有出现明显的正负双峰异常。总结这些情况得到的异常规律是：在仪器周围数百千米内，地震前时纬残差同时或单一出现较大波动。大同地震是 5.9 级，距离 200 多千米，也出现了异常，异常与震级及震中距之间的关系还是比较复杂的，异常超前日期也不太一样，有的超前一两周，有的一个月，有的几个月。

震区地下物质运动引起的垂线变化直接影响天文时纬观测，这可能是残差异常的主要原因。残差的成分很复杂，包括仪器误差、星表误差、人仪误差，再就是地球物理因素、气象因素等的影响，研究时纬残差对地球物理的有关研究也是很有意义的。

下面谈一下存在的问题。当年做这个工作的时候残差资料来自时纬仪器的观测，在 20 世纪 80 年代末期这类仪器的观测逐渐退出这个舞台，任务被新技术仪器代替了。目前我们国内只有云南天文台的光电等高仪还在工作，我们两个单位在合作。

对震前天文时纬残差异常的现象，我们希望让它能被发展成为有效的地震前兆，希望在地震预测上能发挥作用，但是目前还存在一些需要深入研究的问题。比如说残差与地震并非一一对应，残差异常的形态，有相同的地方、相似的地方，也有不同的地方，另外异常与震级及震中距的关系还不是非常清楚。还有前面说的有的异常出现 S 型双峰，有的则没有双峰等问题。这些可能都与地质构造有关系。主要是以前天文观测仪器的总量少，而且有几类仪器，他们处在不同的地点，不同的构造带上，精度也有差别，这样资料的可比性就受到一定的限制。

对时纬残差异常与地震的关系，要去思考，发现和正视存在的问题，然后解决这些问题。要想使残差发展成为有效的前兆，需要对其优化，以期形成一个高质量的前兆。在地震预测方面我一直有一个看法，现在没有一个很有效的方法，对新的思路和方法都应该深入去研究。对时纬残差震前异常现象，应该研究什么构造带的什么类型的地震容易影响，处于何种构造上的观测仪器在震前产生观测异常。

地震三要素与异常的关系还需要进一步研究。我们希望建一些小型的试验观测网，目前大面积建网也很难得到支持，能不能在多震地区，比如说西北地区，我们国家西部，当然华北地区很重要也要考虑建网，一个网 3～4 个仪器，仪器间距两三百千米。现在有一个问题，原来的仪器没有了。其实原来的仪器再用起来也有问题，因为每个仪器需要几个人观测，需要的人力比较多。再去做这种仪器，比较贵。我们希望研制一种小型仪器，高自动化、低成本，这样需要的人力、物力比较少。加强与地震部门的合作，比如说把网建在什么地方，在什么构造带上，这都需要地震专家给我们提出建议。我们也计划培养一些年轻人，把观测和研究继续下去。希望这种工作尽早开展，因为时纬残差里面含有一些误差信息，我们要想很好地提取这些误差，要剔除与地震无关的东西，就需要很好地分析资料，我们希望尽早建网来积累这些资料，使震前残差异常这个现象能够尽快成为有效的地震前兆。

另外，最近大家经常问到太阳活动和地球自转的情况。大家看 1962 年到现在 4 月 22 日的地极坐标。我们看最近几年，从 2001 年到现在。在网上也看到美国航空航天管理局(NASA)的 Gross 博士推算说大地震会使地球自转轴偏移 2.7 μs(mas)，但是现在从图上看还是比较平稳的(图 13)。

关于日长变化，就是地球自转速率的变化，图 13 上这个曲线向上走的时候，日长加长，表示现地球速率相对变小，也

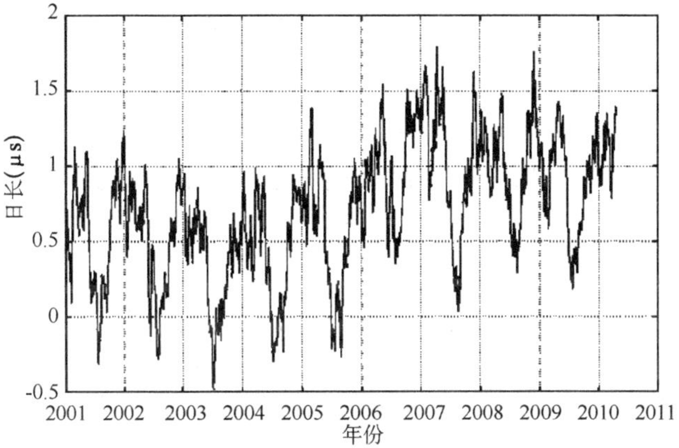

图 13 智利的地震可能使 LOD 缩短 1.26 μs(百万分之 1.26 s)

就是自转相对变慢。从 1962 年开始持续了 10 多年减慢，然后总体加快，中间有起伏。到 1986 年又转为减慢，大概从 1992 年、1993 年转为加快，一直持续到 2003 年又变为减慢，从 2007 年开始又有所加快。2010 年的春天的情况与 2009 年春天的情况相比，相对来说又慢了一些。

关于太阳黑子，这是黑子相对数的整体变化曲线。23 周比较长，情况比较特殊。太阳黑子相对数月平滑值的预报图，表现出从 2009 年秋天开始转向，开始第 24 周。一些专家认为第 24 周强度可能要比第 23 周低 30％左右，这个周的峰值时间可能要到 2013 年，比前一段人们预报的时间要推迟 1～2 年。这个图是太阳黑子数的日均值变化图，这是第 23 周的日均值变化，到今年 4 月初已经开始看到黑子数在增多，虽然强度仍然不大。如果谁需要这些图，可以拷贝。谢谢大家。

主持人汪纬林：今天下午 6 位教授给我们做了精彩报告，

我们对他们表示衷心的感谢！本来应该讨论的，但是时间已经过去了，现在休息10分钟。

主持人夏雅琴：下面有请曾小苹研究员，她的文章在《灾害预测方法集成》第118页。

◎ 地磁加卸载响应比法

曾小苹（中国地震局地球物理研究所）：

各位专家，我向大家汇报一下，因为时间的关系，文章内容已经有了，我就介绍一下地磁活动。这个是太阳活动，这就不说了。像太阳上有一个喷发，它会向行星际空间喷出带电粒子，这个整体是中性的等离子体，这个带电粒子就是太阳风，这也是，这是太阳的磁场结构。这个是2005年4月26日太阳风暴和磁场，这个带电粒子冲破太阳磁场，通过行星际空间到达地球，由于速度非常大，平常也有小的微风，大的爆发有很大的强风，这会压缩磁层，迎太阳风面被挤压。太阳风等离子体接近地球的时候，在磁中性区域会进入到地球里面来。由于有一定的能量，就被磁场的磁力线捕获了。

在2003年有一个大的爆发，这是极光，一般在高纬度的地方才有，这个很大，所以太阳力量很强。这是太阳活动和黑子与地磁指数的关系。我们整体来看地球像一个磁棒，磁力线是这样的。你们可以看到地球磁场有很规律的分布，这是一个观测站，测量地球磁场的，有7个要素。这是太阳爆发引起的地球物理现象，这就是一个地球地磁现象，这是典型的磁暴现象。这是1986年在南极的一个记录，这是磁暴的平均效果，磁暴是按照幅度的大小来决定强中弱的。

太阳上有爆发，这有一个强风，它的速度是800～

1000 km/s，压缩我们的地球磁场，给磁场加载。地球就发生磁暴或者强的磁扰。当这个磁暴一结束以后，太阳风就变成弱风，这个微风速度是 300～400 km/s，这个磁暴就结束或者扰动就结束。利用这两个比我们做了大量的工作，发现在地震之前会增加，在平常的情况下是一个常值。这个物理意义是磁能的比较，这是汶川地震之前成都的加卸载的响应比异常，这是 2007 年 7 月 2 日到 2008 年 5 月 29 日的地磁加卸载响应比值。

这是唐山地震地磁加卸载响应比值在空间上的分布，这是 1975 年 10 月 3 日和 1975 年 10 月 6 日的比值，这是地震的震级，这个是半年以前，在 1976 年 5 月 3—7 日，在这个时间里磁场非常密集，比值的数值非常高。这个是 1996 年 2 月 3 日云南丽江 7 级地震，我们放大以后可以看到，在地震前 11 月两个比值也是这样的情况。

这是在菲律宾做的，菲律宾皮纳图博火山喷发很大。在这之前还有一个 7.8 级地震，这是后面再一次喷发。这是菲律宾大的地震，地震的响应比，这是一个平均值。我们用所有发生的强震，地震发生时间为零，往前推 400 天，往后推 150 天，我们会看到在地震发生之前一年开始异常，这里有三个比较集中的响应比高值时段，发生地震之后还有一个高值时段。

我们做了中国这么多台站所有有台站记录的，有的是十几年，有的是几十年的资料都做了，这是在 20 世纪 70 年代华北地区的响应比，可以看到华北地区响应比值非常大，这和地震活动性配得比较好。这是 1978 年以后，同样的台站，可以看出来响应比值是非常小的。

这是把华北地区的 M_S 3.4 一直到 7.8 级所有的 22 个台

站157个地震都做了之后看分布。把它们挑出来，选了一个最大的边界，可以看出来这是震中距，从这可以看到有几个新的发现，一个就是震中，可以看到异常最大值不在震中，而是在离震中一段的距离，这个距离是跟震级有关系的。这是发生时间和震级的关系，这是提前的时间，报告时间有限，也不说了。

我们发现有一个地方是盲区，离震中一定的距离的地方，在这个地方观测站是观测不到数据的。所以就解释了有一些台站为什么观测不到异常，这是盲区的半径跟震级的关系。

这些就是一些参数，还有震中区的尺度和震源体的关系。我们发现3.4～8级地震以前25天到10个月在震中50～550 km范围都会发现地磁加卸载响应比异常现象。未来地震高值不是在离震中近的地方，而是有一定距离，而且在震中的范围里面也没有异常。

根据电磁感应理论推算出太阳静日变化 Sq 场和磁暴 Dst 场。地磁加卸载响应比异常的高值和中强主震对应较好。我们认为地球内核有热的物质向上涌到地球表层，这有一个岩石圈的流体通道，这在震中区形成一个电流片，考虑有电离层的影响，在观测点的磁场可以计算出来，这个结果跟震中的磁力线的分布比较吻合。

在1997年，日本科学院院士上田诚也先生，他也是美国、俄罗斯国家科学院院士，和日本的电离层专家早川先生一起邀请我过去，参加他们国际电磁和地震关系的研讨会，我在会上报告以后，后来他让自己的关门弟子，还有早川先生自己的博士生、硕士生，早川先生带着他们三个人一起把日本所有地磁台站数据用我们的方法做6级以上地震，结果做的效果比较好。在 1999 年又开了很小范围的研讨会也请我过去，就把这个事情讲了一下。后来在 2003 年上田诚也先生又组织在菲律宾会议邀请我过去，会后我们小组又做了一下菲律宾的结果。1998 年联合国出面组织了地磁方法预测灾害的学习班，我们在学习班上介绍了这个方法。有 14 个国家的地磁专家也参加了，国内各个省地震局都派人参加了，一直到现在还有好多省的台站同志，因为可以用手用计算器算就可以了，非常简单，有的时候会商很管用，有的同志在用的当中还有问题也打电话问我们，这个方法做下去因为简单易行做的效果比较好，谢谢大家。

主持人夏雅琴：下面请林云芳报告，大家欢迎。

◎ 磁暴垂直分量最大幅度方法

林云芳（中国地震局地球物理研究所研究员）：

刚才前面谈的磁暴说过的我就不说了，现在用磁暴二倍法已经做得比较好了，特别是在时间点上报得很好。我们就想能不能在地点上找一点信息，因此就根据这个把地点找一找。大概 20 世纪 70 年代找了 84 个台 83 个磁暴，二零零几年的磁暴找了 73 个。我们要看一下磁暴来了之后在空间上能不能找到异常的地方，这么多磁暴，这是纬度，这是磁暴台的幅度，我们认为磁暴是按纬度分布的。

这个是 1995 年 11 月 27 日呼和浩特台的异常，因为 1996 年 5 月 3 日包头有一个 6.4 级地震，这一点算出来的正常的分布，求出拟合方差，现在呼和浩特台与正常分布的拟合差是 7.75 倍方差。70 年代曾经收集全球的资料，全球磁暴分布的规律是非常正常的，空间分布是相当有规则性的，这就是垂直分量的幅度。这是 1974 年的溧阳地震大概 19 天前的异常。

这是海城地震，这儿用的是北京台的资料。这是唐山地震的，这儿用的也是北京台的资料，我们用了 3 月 25 日和 5 月多少日的一个资料(不清楚的话请看《灾害预测方法集成》一书)。

下面看看 2001 年昆仑山口 8.1 级地震，现在找了三个，本来正常的分布规律是这样分布的，然后 2001 年 8 月 17 日整个在中国几十个台的分布规律没有了，9 月 30 日正常一点，之后 8.1 级地震是 11 月 14 日。

实际上我看一些板块的时候还有五个小板块，汶川地震在这个位置，在华南板块、华北板块、青海甘肃西藏，这是塔里木盆地，北边是准噶尔。因为地震发生在这个板块，现在感到这三个板块之间因为台站不够，好像异常围绕这一块，在空间分布不同的月份，8 月 17 日、9 月 30 日和 10 月 11 日用不同的图形表示，大家可以看图。

为什么要用这个图呢？做磁暴的工作有一个问题，因为从 2007 年开始没有磁暴了，2007 年、2008 年、2009 年，当然 2009 年 8 月、9 月开始，太阳黑子最小的时候没有什么磁暴，因为有磁暴才能做，没有磁暴就不好做了。因此 2008 年 1 月 1 日到 2009 年这一段磁暴很少，基本上就没有了。2007 年之前找了一些资料，2004 年 7 月 22 日、7 月 24 日这两天有磁暴，这个磁暴似乎是围绕着震中进行的，包括这个也是这样的。

1970 年全球按磁纬分布有这样四个地震。用国内资料做的昆仑山地震和汶川地震，然后我们隐约感到这个异常和国内五个大板块和边界的断裂带好像有一点关系，似乎有包围未来震中趋势，有关的工作量比较大，2000 年 5 月以前的资料就没有收集到，对昆仑山地震 2000 年以前就没有资料。要用这个做预报有一个不好的地方，就是没有磁暴怎么做。当然我们这个主要是看看磁暴和地点有没有关系，我们觉得磁暴的异常和地点很有关系。这个进一步来补充磁暴预报的时间点，我的报告完了。

主持人夏雅琴：下面请张启文研究员，他的讲话内容在《灾害预测方法集成》126 页。

◎ 太阳活动预测渤海海冰方法

张启文研究员

张启文：

各位专家大家好。在这里搞海洋的只有我一个人研究，海洋占全球 70%以上。渤海的海冰可造成非常严重的灾害，它可以把石油平台推倒。我们常规预报除了长期预报，中期预报，还有短期预报，方法很多，但是在今天为了多学科交叉我只谈一个方法，也就是太阳活动。这个太阳活动我准备从两个方面来谈，一个是渤海海冰和太阳活动，一个是渤海海冰和地震的关系，和地震的关系可以说是新的发现。

我们把渤海海冰根据轻重分成五个等级（图 14），1969 年为 5 级。我们看与太阳活动变化关系，大家看到峰值的时间都有一次比较厉害的冰，过去冬天也是这个情况，去年定的是 4 级。渤海的海冰规律和太阳活动还是紧密相关的，为了充分说明这个情况，把历史海冰等级根据太阳活动周期的时段进行统计，列于表中，所占的比例来看，太阳活动周期的不同时段对应的冰级是非常有规律的，目前来讲这个机制仍需要进一步地进行研究。

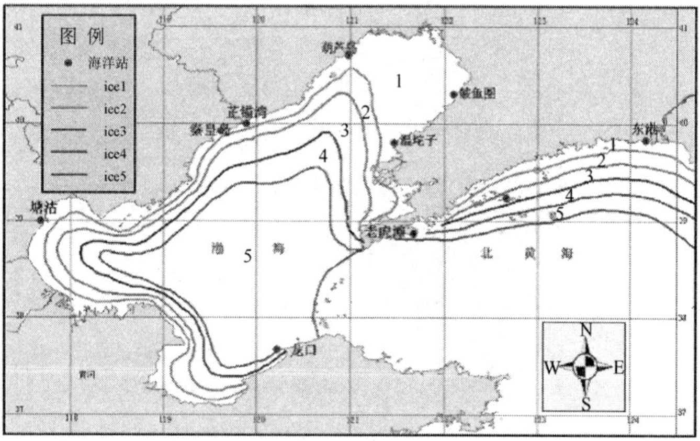

图 14　渤海和北黄海海冰预报等级示意图

再谈谈渤海海冰与大陆地震的关系，多年来的实践，我发现每当渤海的海冰轻的年份，中国大陆总要发生地震，确实是在渤海发生的 12 次地震当中，能得到 90％以上的地震发生在冰情 2.5 级以下的年份。

另外一点就是大陆地震发生在太阳活动谷值年附近的时间出现的概率非常大，资料是1966年以后28次地震中有80%～90%发生在太阳活动谷值年附近。2007年是冰情很轻，且处在太阳活动谷值年附近，发生了汶川8级大地震。我想通过这个关系提供给做地震的工作者提供一个线索，也就是说当渤海海冰轻的时间要重点观察一下危险区，在太阳活动低谷的时间也要引起注意，我相信加上我们这么多专家，预报攻克这个难关还是有希望的，我的报告到此结束，谢谢大家。

主持人夏雅琴：下面请赵复垣副研究员报告。

◎ 固体潮极值区

赵复垣副研究员

赵复垣（中国地震局国家天文台）：

刚才谈到天文时纬仪器是以当地的纬度作为参考点的，星光从这里过来，这里有一个水银盘。我们知道水银在常温下是液态的，液态的水银盘在这里把星光反射过来，最后通过聚焦镜、成像镜之后，被探测器接收。考虑地震前的地下应力扰动会影响到液态的水银面，所以，天体测量仪器的时纬残差在地震前增大，在物理层面是可以解释的。

我报告的题目是关于固体潮与强震的关系。我们知道，固体潮最大值，据研究可以达到引起地壳在垂直方向变化30～40 cm。无论固体潮的数学表达和实测结果都说明，固体潮呈类三角函数的变化。很明显，正弦、余弦函数的变化不是δ函数那样的脉冲式的。这是一个余弦曲线，固体潮以这种形式变化，在极大值以及极小值的时候，在这些区域变化是非常缓慢的，在正极值区和负极值区变化都很缓慢。

高建国：由于很多同志提出来，这样一个会议很难忘，想留个影，许院士马上要走了，我们花几分钟的时间照个相。

集体照相结束（集体照在本书封二）。

赵复垣：刚才我们说到，根据三角函数的性质，在两个区域会出现变化缓慢的平顶。我们知道，固体潮会引起地壳在垂直方向出现30～40 cm的变化，这个变化是很大的。假如这时在地层里面聚集了很大的应力，固体潮引起的地壳变化完全有可能引发地下应力的突然释放，于是就发生地震。固体潮本身不携带地震释放的那种巨大能量，而只是起到一种触发的作用。

在太阳引力和月球引力正好处于一条直线上的时候，即月相的望和朔，出现大潮，是正的极值区。在太阳引力和月球引力正好相互垂直的时候，即月相的上弦和下弦，出现小潮，是负的极值区。在正极值区和负极值区都容易引发地震，前提条件是地下聚集了足够的应力。

我们这篇文章的主要建议、主要思想就是，不是从 δ 函数的性质出发，而是从三角函数的性质出发，把固体潮的影响范围从一个点扩展到一个区。在每个月中有“望、上弦、朔、下弦”4 个固体潮极值区，这样每个月中就有 16 天处于固体潮的极值区内。

统计结果显示，在大于 7 级的华北历史强震中，只有 1 次不是发生在固体潮极值区里。条件是有 4 次发生在渤海的地震不考虑在里面。因为，我们知道海水是在海底岩层上方，海水的液体潮会消耗一部分潮汐能量，所以在海底岩层里面受到的起潮力应该相对小一些。因此，发生于海底的地震可以暂不统计在这里面。这样，华北历史强震中就有 93%都发生于这 16 天中。而 16 天占每个月时间大概 60%左右，就是说，60%的时间覆盖了 90%以上的强震。这一关系对于预测强震的发生时间是很有意义的。

有迹象表明，越是强震，越容易受到固体潮的触发，与固体潮的相关性就越强。如果考虑强度弱一些的地震，比如说 5 级、6 级这样的地震，它们跟固体潮好像没有什么相关性，但是如果把弱一些的地震拿出去，只考虑强震，跟固体潮的相关性就非常明显了。

这是华北历史强震的情况。4 次发生在渤海的强震，有 3 次恰恰不在这个极值区里面，说明海水潮消耗了一部分固体潮能量。

这次会议之前，又统计了一下新疆的历史强震，新疆没有类似渤海的问题。刚才说了越强地震和固体潮相关性越强。1949 年以后发生于新疆的 6.6 级以上的强震，我们统计到共

19次。其中有17次发生于上述固体潮极值区内，占89%以上。这显示，新疆6.6级以上地震与固体潮相关性明显。

而不在固体潮极值区里面的两次新疆地震，恰恰在它们发生前，间隔不超过2个月，在同一区域都有过前震。因此它们属于“应力调整型”地震，而这类地震是不需要潮汐力触发的。在这个意义上，这两次地震也可以不参与统计。

我说一点题外话，有一个疑问，汶川地震以后群测群防写进国家新的减灾法，可是到现在还没有见到有任何组织实施，我觉得这是不符合防震减灾法的，我希望这个问题能够早日解决，谢谢大家。

主持人夏雅琴：下面是孙延好先生的报告。

◎ 大易系统法

孙延好工程师

孙延好（广东省深圳市龙锂实业有限公司）：

各位专家、各位老师大家好，我叫孙延好，我来自深圳。我是从5.12地震之后开始学习研究预测地震的，针对中国地震局地震不可预测，我的观点和实践是：地震不但可以预测，而且可以预测得很精确。可以预测到多精确呢，时间我们可以精确到分。我第一次预报地震给中央领导人写信，云南盈江5.9级地震，我的第二次时间误差是21 min。地点预测，2009年5月30日西藏昂仁地震，我的距离误差是8.6 km，震级完全相同也很多次。我从2008年到现在预测近100个地震，我的方法叫做“大易地震预测法”。为什么叫大易呢？中国传统文化非常重要，这个大易的意思不仅仅是周易，它只是中国文化很小的一部分。我现在的观点中国大易系统，我们现在只完成了11.25%，其他的或者失传了或者根本没有人研究，或者根本没有人意识到。我实际上从这里面找出一些失传或者没有人意识到的一些东西。西汉的时候是中国易学的黄金时候，这时期有很多专著，比如《易家侯阴阳灾变书》、《焦氏易林》、《京房纳甲》等，就是专门研究天灾、旱灾、水灾等各种灾害的，就是专门预测天灾异变之书。非常非常好，但是到现在很少有人去研究这些问题。

我的方法把整个系统加起来，用梅花易数、邵子神数、铁板神数的关系，把周易的东西变成数理，如果你要做到很精确一定要用数理，没有数理肯定做不到精确。

我的主要方法有：有震无震法，判断哪个地方有没有震，这个判断成功率很高。还有地点定位法，我预测经过三个阶段，第一个阶段就是在新疆乌恰和西藏当雄地震我解决了距离超过3000 km，3000 km之内的计算问题。汤加的7.9级地震，解决了距离超过8000 km时的计算问题。海地的7.3级地震，解决了距离超过14000 km时的计算问题。我从2008年到现在预测了91次地震，预测国外7级以上地震10次，包括2008年7月5日鄂霍次克海7.6级，2008年11月24日鄂霍茨克海南端7.5级，2009年1月4日巴布亚新几内亚7.7级，2009年7月14日新西兰南岛远海7.8级，2009年9月30日太平洋中部海域萨摩亚岛8.0级，2009年8月9日本本州东南7.2级，2009年8月3日加利福尼亚湾7.1级，2009年11月24日汤加7.0级；2010年3月6日苏门答腊西南7.1级；2010年4月7日苏门答腊北部7.8级。国内6级以上5次，新疆乌恰6.8级，西藏当雄6.8级，云南姚安6.0级，青海海西6.4级，青海玉树7.1级。预测完全失败5次(这里面还包括一个地震我尝试用二三种方法进行预测)，我不墨守陈规，我一定要试用新方法，我测一个地震可以用三种方法，也许可能只有一种是对的，也有可能是三种方法都不对，我就想试，我刚开始不求成功率，实际上我觉得我的成功率还是可以的。

最近我在预测距离的问题有了历史性的突破，我经过认真计算，距离误差可以达到50 km(国内)，算得好可以达到18 km左右，今年1月新疆乌鲁木齐5.0级地震距离相差16 km，时间差5天，震级差0.2。今年2月云南元谋5.1级地震，距离误差47.8 km，如果仔细计算，误差仅3 km，时间差8天。我通过这些研究以后，特别是在海西地震预测中，我发现震源深度跟人员的地面伤亡成正比，海西地震我提前20天预报震源深度7 km，两次发震震源深度都是7 km。从这次玉树7.1级地震和智利8.8级地震，我还发现了一个计算烈度的方法，因为以前没有注意，后来在这次智利地震和玉树地震预测中找到了烈度的计算方法，以后就可以把震深和烈度算出来。我这是一个系统，有群震能量分解法，比如说一个地震的能量有时候分解成很多小震来震，这里面还有一些问题需要我解决。

在这次玉树地震中我还发现，可以把整个地震过程全部描述出来，这次玉树地震最遗憾，前面有一个 4.7 级前震，没有引起人们任何注意。我在印尼苏门答腊地震的时候，时间的计算，按照 12 天往后推，像预测的日本本州地震，7 月 29 日没有震，后推 12 天就是 8 月 10 日，结果是 8 月 9 日震了 7.2 级，8 月 11 日震了 6.8 级．我就想把时间计算得再精确一些，理论上是成立的，但是我计算了这四个地震，从内蒙古赤峰 2.11 没有震，我就知道这个方法不对，用这种方法计算的四个就都全错了。

智利 8.8 级地震，时间算错了，我报的斐济群岛 4 月 27 日的 7.6 级，当时信息显示是 8.7 级，但我想可能没有那么大的，就打折，报了个 7.6 级，但是震的是 2 月 27 日。这是新疆乌鲁木齐 5.1 级地震 16 km 误差。如果大家感兴趣可以把玉树地震的预测情况讲一下。这次玉树地震的预测，我是最不满意的，因为完全可以预测得更好，当时没有太在意，在 3 月 31 日的时候，就是天灾委的预测年表的截止日期，我前后算了八九个今后国内外的 8 级，7 级，6 级，大的地震，算完之后耿庆国老师给我打电话，说你报那么多，你怎么没有关注西藏，我说青藏那个地方人很少，没有太在意，耿庆国老师当时批评了我，说你观点不对，你不懂，西藏这个地方现在 7 级以上所有的条件背景都成立了，就跟成熟的果子一样随时掉下来一个 7 级以上都是完全合理的，他说你再算算，西藏那边有没有。我就开始算西藏，耿庆国老师根据旱震关系理论在昌都附近，我算完以后，我认为是“多地一群震型“，我报了五个点，主震在玉树，当时打电话，之后电话放下又算，前后一个小时，最后这几个经纬度花了 20 min，最后预测的玉树的距离误差是 163 km，这个误差对我来说是太大了，这就是没有重视造成的。

我报的最高震级是 6.1 级，到 4 月 6 日把这个图做出来以后给相关专家发过去，震级最大 6.1 级，这个震级开始也是按 7 级以上，但是我按群震能量分解法一分解，就小了，这个地方定的是 6.1。现在回头来看是我判断错了，这是典型的“前震—主震—余震型”，是典型的对这次玉树地震整个过程的描述，而不是“多地—群震型”。第一个前震 4.7 级，之后是主震 7.1 级，然后有一个大的余震 6.3 级，后面有一组 3～4 级的小群震，之后间隔一段时间还有一组比较小的 3～4 级的小群震，这就是对整个玉树地震全部五个过程的描述，不但显示了地震的震级，而且深度、烈度，整个地震过程，包括前震，主震，余震清清楚楚在这里，这是从这里面得出的一个经验。谢谢大家。

主持人夏雅琴：最后请任振球代替陶守正报告。

◎ 古气候预测法

任振球：

他用中国民间的经验，立夏的时候 1—5 日 700 hPa 5 天平均图，低压区就是涝区，高压区就是旱区。世界气象组织专门对他方法做了评分认为达到 80%。

陈一文：更正一下，不是世界气象组织做的，是北京农业大学资源与环境学院课题组按照世界气象组织的方法做的。

任振球:现在国务院的要求对气象局压力很大,要报年度的旱涝预报,我们现在长期预报方法基本上没有成熟的,经常报错。可是国民经济非常需要这个,为了这个事国家一个部门准备列一个大项目,要我们气象局参加,我们参加了。但是有一条,国家气候中心不用这个方法。但是我了解从民间调查结果就用立夏期天气形势报夏季旱涝趋势方法,既简单准确率又高,我们局长都弄通了,但不但不用,而且还反对用这个方法。我前两天试用了一下,就用5月1—5日的共振,看看情况报了几个大雨地区,还有旱区,做一个实验。

他告诉我去年在立夏五天平均台湾南部是非常强的强低涡,他说了去年台湾台风最大点就在那儿,他的图上都有反应。

主持人夏雅琴:现在离吃饭还有20 min时间,我们利用这些时间进行讨论一下。

严谷良:徐教授提出来如果没有红外的异常就没有地震,如果这条能靠得住的话,这一条可能性怎么样,准确性怎么样。如果肯定没有也好,上面也就放心了,这一条是不是可以深入一点。

郭增建:我向徐教授问一个问题,你的第一个片子没有红外异常,后面的异常比较清楚,我要问第一个片子前面那些日期的异常,情况如何?我就问这个问题。

徐秀登:增长背景下基本上是没有的。

徐道一:天文台两位讲的确实很好,现在云南台坚持监测下来,汶川地震要往南迁移就是云南了,我的预测意见也提到要注意未来发震地区在云南和西藏东部。希望大家配合加强监测。刚才老韩介绍了时纬残差的研究成果,这个成果是得到国际天文联合会承认的,专门成立了有关专题小组,这也是中国天文学对国际天文学的新贡献。

韩延本:1989 年国际天文学联合会(IAU)成立了经典仪器工作组,其中讲到经典仪器的资料有可能用于地震预报研究。另外我同意刚才老徐讲的,天灾预测委员会是不是写一个简短的材料,希望国家天文台和科学院能够对这方面的工作给予进一步的支持。

徐道一:这个建议也很好,我觉得以我们会议的名义也可以。

陈一文:刚才老严讲了这个问题,这个问题涉及这样一个事情,特别是在目前一有流言很多的地方老百姓就很慌。有没有一种非常有效、非常可靠,可以确认当地有没有震情的仪器?有。我给大家介绍一下,是孙威 1977 年开发的一种仪器。北京市地震局三个地震台安装了孙威的地震前兆仪器,包括这种仪器。这个仪器的原理讲起来很简单,大家都有地脉动。

徐道一:这个建议你明天再讲。

朱文琳:这几年地震很多,他从2008年开始的,他用他的方法都做一下计算,计算一两年,有专人帮助他们把工作用实际情况去检验,而且不能获得实际资料,这个问题应该值得重视。

韩延本:我刚才看你的反演,你这又以宏观为主,前面5.12地震中心是黄颜色,后来变成黑点,那个黑点是自己加上去的还是反演出这个黑点,这个黑点温度是高还是低。

徐秀登:这是自己加的。

主持人夏雅琴:大家开了一天的会都挺累的了,散会。

四、信息预测方法

时间:2010 年 4 月 28 日上午 8:30—12:00
地点:金隅凤山度假村悦宾楼一层第 13 会议室

主持人耿庆国:

各位专家上午好。今天上午的前半时段,是以翁文波院士生前倡导的信息预测理论为主要内容的汇报。翁老提出抽象体系、物理体系和信息体系;他把客观存在的事件划分为两类:常态子集和异态子集。对于常态子集事件,以统计预测方法为主;对异态子集事件,以信息预测方法为主。用常态子集的预测方法是不可能胜任预测巨灾和灾害链的;在这个方面徐道一教授做了非常好的研究。下面请他作报告。

◎ 信息预测理论、磁暴月相二倍法

徐道一研究员,主持人耿庆国研究员

徐道一：

各位专家、各位代表，今天上午安排前 10 min 有三篇文章，每个 3 min，具体讲肯定哪个也讲不清楚。具体内容在《灾害预测方法集成》的 135～154 页。我综合了一下信息预测方法的主要特征。

翁老的情况大家都知道，他在世的时候有一个对十几年预测结果的统计，在文章里面都有，他预测地震、大旱、大水几百次，在《灾害预测方法集成》138 页有一个统计表，时间、地点都有预测误差的估计。我本人的预测与他相比相差很远。现在很多人预测得很好，有一些人的预测水平可能也达到了。

翁老预测时也综合了各种方法，他的基本方法在书上面都有文字资料了，这我就不具体说了。归纳起来，就是在大量的数据里面找出有两个可比较的东西，例如，两个时间间隔基本上相等的，找到多了，用数学公式可以表达描述之后，进行可信度的检验，这样得出预测的意见。翁老去世后，耿庆国对他的可公度性方法有所发展，提出“可公度元”新概念。

信息预测方法的意义是对数据的基本性质有新认识，搞自然科学很多人对这点了解不多。很多主流科学家强调数据的采集全面、完整、细致，但是对数据的基本性质研究得很少。翁文波基金会把翁老在 20 世纪 70 年代写的有关数据的基本性质研究一本书出版了，大家有空可看一看。根据他的论述，大体归纳了一下，主要是提出有关实体、自然数、整数等基本概念。

我们要预测的东西是客观存在的，如一个地震哪年哪月哪日发生，震级是 8 级还是 9 级，这是实在的东西。翁老提出了信息失真的问题，通过微积分的很多计算也能够掌握自然界的一些规律，但是它也存在着一些基本缺点，它容易失真。我在搞数学地质时不重视自然数，因为接触的都不是自然数，都是小数点、平均值、方差等，这些都是在一定理论指导下面推断形成的东西，也是需要的，也有作用。但是更重要的是对实际存在物的预测，更要注意自然数。

翁老强调直觉经验重要，他认为，数学中越复杂的成分，假设东西越多，结果与实际情况也可能相差甚远。爱因斯坦也认为，纯粹的逻辑思维不能给人们任何关于客观世界的知识，他承认他的创造性工作来源于直觉经验。由于我们都是学习西方科学的思想，西方科学强调的是理性，理性要求从复杂的自然现象后面找规律性，这个规律性就不是直觉经验。它把直觉经验贬低为原始的、朴素的、粗糙的、不科学的。翁老是西方科学专业出身的，但是，他从天灾预测中又归纳出这些基本的问题、基本的认识，他提出了信息预测的新观念。

2002 年 12 月 11 日科技部召开一个小会，吴文俊院士也参加了，主要谈传统文化的问题。他认为：西方的几何学在早期经历了一个危机，在几何学中，点是没有质量的，线是没有宽度的，面是没有厚度的，由此出发，推导出一系列的东西。但是，他搞了传统文化以后就认为：中国传统的数学一直没有发生过危机，它的特点是从实际出发，从问题出发。

西方数学中歌德尔的不完备性定理指出，每一个数学系统不管它多复杂，总包含着不能消除的悖论。我们也不应该排斥西方数学方法，应该把直接经验与数学方法相结合。

从局部到个别的研究方法，这与西方数学方法是不一样的。我这几年通过搞天灾预测与周易得出一个对“时”的新认识，在这个会上没有讲过，在周易会上讲过，在韩国国际易学会上讲过,日本搞周易的学者还挺感兴趣。

为什么翁老、有人能预测“非典”、地震?就是因为对“时间”概念有个根本变化。中国古代的“时”与西方科学的时间(time)概念有很大的差别。北大哲学系张祥龙教授学西方哲学,后来搞了《周易》,他提出了一个《周易》中“时”的新概念的问题,我受他启发,提出一个“信息时”概念。对大震发生的时间的认识,不是用西方的时间概念,而是“信息时”概念,“信息时”后面带有一系列的信息,正像我们身份证号码可以看到每个人的出生年、月、日的信息,这是人为的。自然界也是这样的,但是是自然形成的。

2003年5月初“非典”的时候,耿庆国、汪纬林、徐好民和我在地质所前的马兰拉面馆开会,根据香港的发展疫情预测北京当时“非典”峰值已经过了,对后面这个过渡期,预测:2003年5月6—15日新增“非典”病人是400～500人,后来实际情况是491人。当时,耿庆国和王岐山代市长通了电话,他对我们预测意见不大相信,觉得你们不搞传染病的,就根据几个数据能预测北京的病情?对比之下,世贸组织在北京的代表到5月15日还说:北京“非典”高峰还没有过,这也不详细说了。

类似的例子很多,最明显一个例子就是2010年正月十五中央气象台提到了:八月十五云遮月,正月十五雪打灯。正月十五正好是下雪,中国古人抓住这个信息,用于预测。按气象学理论根本无法理解,不根据大气环流,也没有寒潮的资料,但是就能预测出来第二年正月十五的下雪天气。

对与传统文化有关的一些(或者自主创新的)方法能预测地震,很多人不理解,其原因归根到底是:因为前者的思想体系基本不同于西方科学思想体系。前者有很多方法，报地震，报“非典”，报洪水，按西方的概念是解释不通的。但是，如果把这个时空根本概念改变了，就可以理解了。

这就是翁老提出的要建立一个信息体系。他把现有的体系归纳为抽象体系、物理体系。抽象体系就是所谓的真理了。西方的科学技术的基础是有关时间、空间、宇宙观的观点。现在把时间、空间的概念从完全新的角度来认识这个问题。

下面就是沈宗丕的文章，一篇文章是他和我合作的，所以我也代他说一下。其中有关于他们预测 8.8 级特大地震的介绍。

沈宗丕、林命周等对玉树地震也有较好的预测，他们的预测意见是：发震时间是：4 月 13 日±10 天或±14 天；发震地区是：(1)环太平洋地震带内（特别要注意我国台湾省及邻近海域），实际情况是 4 月 7 日在印尼发生 7.8 级地震，这是亚洲今年最大的地震；(2)在欧亚地震带内（特别要注意我国西部及西南地区），实际情况是 4 月 14 日就是玉树的地震。上述预测意见，于 3 月 13 日向中国地震台网中心提交了“地震短临预测卡片”，编号为 2010-(3)，3 月 25 日收到中国地震台网中心地震预报部回执，登记编号为 201001010028。

他们的方法就是根据两个磁暴的发生日期相隔 1779 天算出来是 4 月 13 日。类似的震例很多。很多院士、研究员觉得这一方法预测的时间很好，但是思想上就是不能接受，这个物理基础在那儿？受西方物理为基础的制约，过了三十多年，还是不能接受。我刚才讲的从时空新概念来看，则是完全可以解释的。

由于磁暴不是地震，两个磁暴的相隔时间，二倍过来可发生地震。我们后来做了地震跟地震之间，两个结合可以报地震。请大家注意一下我在书中有关8级地震的文章。两组的两个8级地震时间间隔9万多天，一天都不差。一个地震对别的地震的发生是带来信息的。

河南张德亮为什么能对汶川大地震预测得好，他就是找到1657年4月21日汶川6级地震，通过他的方法筛选出来，就预测了2008年5月12日汶川要有8.3级地震。从上述信息预测体系看来，完全是可以解释的。

汪成民说，今年沈宗丕到现在发了三次地震预测意见，一次对上了2月27日智利8.8级大地震，这一次对上亚洲今年最大一次7.8级地震、中国的7.1级。这是两个地震，一次预测，这也是汶川地震以后中国发生的最大的地震。沈宗丕在方法上不断有改进。注意从没有预测汶川地震的失败教训当中吸取教训。汶川地震前，所用的方法是一个起倍磁暴，多个被倍磁暴。今年预测那么好，是用改进以后的方法即用多个起倍磁暴，一个被倍磁暴。改进以后的方法对2007年世界多次7.5级以上地震都有所对应。

陈一文推荐的另外一篇文章，介绍张铁铮1967年邢台地震以后在现场实际中间琢磨出来的方法，后来发展为磁暴二倍法、磁偏角二倍法、磁暴月相二倍法、耿庆国的强磁暴二倍法等，这已经成为相对完备的一个体系了。成功的震例是很多的。

20世纪90年代，在汪成民主持的“863”项目中，沈宗丕和我一起参加的一个小项目。我也编过程序，作为客观检验，把这段期间所有的符合他要求标准的磁暴，所有的地震，所有的组合都来算，检验结果还是有 60%～70%的成功率，发表在西北地震学报上，也通过可信度的检验。

沈宗丕在正式预测一次地震前，需要前面有三次、五次，甚至十次的对应。这些资料都还没有经过系统的整理，这里面到底有没有一些更深层次的有序性，还需要进一步探讨。沈宗丕他们还比较谦虚，事先都给同行发信征求意见，来缩小发震地区。有几次预测很好的，地震三要素都可对应，一次是对 2003 年 9 月 26 日日本北海道 8.2 级大地震的预测。

最早一次成功预测的震例是对 1972 年 1 月 25 日台湾 8 级大地震的预测。沈宗丕预测发震日期是 1 月 26 日，与实际发震日期仅差一天。这一预测意见事先报到当时的上海市革命委员会，还有批示，转到福建省政府，政府开会后给中央地震办公室打报告，说福建没有异常，要发生地震，在台湾可能性大。结果在 1 月 25 日发生台湾 8 级地震。

可以看出当时地震预测、预报水平已经相当好了。现在把 2008 年汶川大地震也漏了，1976 年的唐山大地震也基本漏了，确实应认真反思。

应该继承、发扬过去好传统，把地震预测做好。谢谢大家。

主持人耿庆国：徐道一教授就信息预测、可公度法和磁暴二倍法，做了很精炼的报告。下面我们有请高发金先生做报告，他的报告题目是象数与预测天灾。

◎ 象、数、理预测法

高发金高级工程师

高发金(湖北省十堰市水文水资源勘测局):

耿庆国以中国科协的名义给我发了一个电报让我参加会议。通过20多年的研究,我觉得这实际上就是日月运转规律,而且这里面有很多子系统。为什么这样说呢?因为我把因素展开以后证明了它是一个天体运动。因为我们24个节气,这个节和气都是一个时间概念,这里面既有时间也有空间,空间离不开时间,时间离不开空间,这是统一的。而且在预测一切事物变化中离不开阴阳,阴中有阳,阳中有阴,而且阴信息一般是看不到的。

灾害也是一样,我是拿实测资料,有500年旱涝灾害史,通过把里面东西提出来反推,所以我对长江洪水干旱预测,一般来说从1991年到现在还没有失误过,预测地震有失误也有成功的。我总结出来临卦都是有地震,而且大部分发生在卦相上有地震。比如说升卦,复卦都有洪水,这个旅卦都是大旱。我对15种自然灾害的资料都有，这个方法怎么做呢？我有四种形式来做，一是刚才讲了，因为这是一个天体运动的过程，用二十四个节气为起算点，要预测那一年以立春这一年节气都出来反映的是什么，在中国图上点出来，之后把等高线画出来了。这个还根据云层过程来知道，比如说午夜当中在广州这边，6月中旬到7月中旬到长江，你可以取这个时候夏至时候或者芒种时间再算，算的根据春季时候算的一致，这一年的洪涝灾害就全都定出来了。这是以时间气候来验证的，任振球研究员提出的天文奇点，就是根据二十四个节气进行运算，你要算某一个地方，你要算国外的加国外的名称，算国内的就按国内的，加起来算，就是按照二十四个节气算。

以灾变论灾变，就是灾害发生了不该出生的灾害算出来了，你以这个反过来推，显示的什么东西就是什么东西。还有以卦象，比如说1998年大水出现以后，根据那个时候起的卦象看，这里面都有数字表现，这跟方差计算差不多，找主要的周期。

第一个周期是多少，第二个、第三个周期或者加起来多少年就往未来推，一定会发生。与卦象相似，在气象部门用相似性比较多，出来的卦象看相是哪一年，像是哪一年哪一年就会出现。我看1991年卦象跟1931年差不多，所以那一年我大胆地报了淮河流域和长江中下游有大洪水，我当时给翁文波写信，他说我们的意见是一致的。之后向国务院写一个报告，你要同意就签字，我当时就想对了沾光，错了也没有责任，我就签了，之后出现了，这就加强了我的信心，我花了2年的时间编了500年灾害史，之后在里面分析得出来15种自然灾害指标，我就报全了。

取得哪些效果呢？长江流域的1991年、1995年、1996年、

1997年、1998年、2002年大水我都做了超前预测，而且1999年向中央，向省里写了七次报告，就长江干流水位流量要高于1998年，那一年跟气象部门报的相反，结果实际情况是对的。1999年武汉为什么没有出现像1998年的洪水，这是提前分洪了，20号分洪3亿多，22日溃堤，23日湖北有分洪。

三峡截流的时候是水利厅打电话给我说预测一下，我预测截流期间流量是12000m^3/s，合拢的流量8300 m^3/s，实际出现是11000多m^3/s和8000多m^3/s。2003年我报了汉江28800 m^3/s，结果出现28500 m^3/s。大旱当然报的也比较多，西南的大旱我在2004年就报了，这有72年的周期，现在实际情况出现了。地震也报的比较多，但是这个里面没有洪水那么准，因为这里面还要不断地总结，我2009年提出台湾高雄有个7级地震，我报是12月份，时间错了，结果出现在3月4日6.7级，为什么错了呢？因为在我以前分析的指标没有出现过，我错了也总结经验，刚刚里面有一个声音相冲，冲在正月，我又从中间反倒过来完全就是3月4日，这是过去没有总结出来的指标，之后从实践当中提高。我的汇报就这些。

主持人耿庆国：下面请孙旭龙同学作报告。

◎ 渐进排气法

孙旭龙（中国科学技术大学少年班）：

大家好，现在的地震学说都是板块学说，认为是板块的运动导致地震的产生。事实上根据一些观测，发现地震在高山地方大部分都是浅源的，而在深海出现深源可能大，所以板块学说隆升和俯冲理论有一些问题，我提出一个新的东西，地球排气的想法，这个想法在于，以前也在一些地方看到了在地震

中国科学技术大学少年班孙旭龙同学

前这个地方出现了气体排放，一个四五级地震之前能排出气体达到几十米的高度，所以就想到这样一个观点。这个排气过程也是从深源往浅源排的过程，所以我提出渐进排气，其中一个最好的例子就是从浅源中源到深源一系列都有一个排气，也就是说在上部排气之后产生一个更大的压力差，就会导致中层也会往上排气，逐渐变成深源也在排气，深源排气之后把气体堆积在中源这块可以继续的排气，这是一个持续的过程。

这里面一个排的是什么气呢？这主要是水汽，有科学调查表明华北地区下面有一个地下海。当海洋板块在重力作用下下沉的时候，其中岩石中水分可以被地热（加热）从而使水脱离束缚，水汽在地球运动过程中惯性是比岩石小的，这有一个向西的作用。所以可以看到太平洋板块左侧这一部分，地震明显要比美洲那一块的地方频率大，而且所释放的能量也要高。看北美洲右侧海洋横向宽度也比南美洲横向宽度要小，所以对应的智利地震要比美国西海岸的强。

由此而得出一个地方要排气肯定会导致这个地方气流的上升，这个上升就会使得云指向这个方向，5 月 12 日 12:25 卫星云图，从蒙古这边也拉下一个方向，这样的话在这个位置附近就是汶川地震的地点。在这个天气图里面本来是这样一个方向,总是一个渐进的变化,这时候出现一个突起,这个地方也出现明显的突起。这个趋势还是比较缓慢的,但是这里面突然一个升高,在这里就会出现一个地震,海里的图一般都是对应比较快的地震。有海水的阻隔所以气体上升要缓慢,相对于地表而言影响的时间就要滞后一些。

这个就是韩国天气网站,这个地方明显地出现气压的波动,这对应的就是都江堰 4 级地震。这个地方也明显出现一个波动,这个级别计算是跟等压线间的间距和波动程度有关,波动程度越大级别越大,间距越小级别也是越大的。

鼓包模型的提出也是有一些依据的,首先高原、山脉、岛屿发生在浅源,比如说台湾和青藏高原发生在非常浅的地方。深海的地震深源比较多一些,就是 100 km 以上,还有在青藏高原等地经常看到持续冒云的过程,即使在晚上也是冒云,还有广西等地凡是存在地质活动比较活跃的地方,在卫星云图无论白天还是晚上都是冒云的,现在以这些板块理论都是很难解释的。于是我提出来所谓青藏高原是被气体向上鼓给鼓起来的,地球在海洋部分向下沉,水分向下带动到地壳的下部以及地幔,气体在惯性小的原因下往左运动,而且它有自转的过程,把气体也往两极运动,这样就导致气体在北半球有一个从西南向东北方向运动的过程,以及从南半球有东北向西南方向运动的过程。比较好的例子是美洲山脉的走势,基本上就是这个样子。

青藏高原这个地方气体来源是从琉球群岛这个地方对应过来的,因为北太平洋的气体过来的时候先是要经过日本,日本经常发生地震,跟这个就有关系。日本后面就是朝鲜半岛以及之后的华北地区，从日本到台湾这个地方是琉球，琉球这个地方发生地震的频次比日本要小一些。从这里的气体逐渐经过华南地区最后达到的地方就是青藏高原。从台湾这里到菲律宾也是出现一个空隙，部分的气团能量到达了云贵高原，从云贵高原融合到了青藏高原里面。这里下面就是菲律宾，以及印度尼西亚等地。

火山和地震的成因基本上相同，都是压力过大。如果气体冲出就是地震，如果是岩浆冲出就是火山。有人说青藏高原的岩石年龄是 40 亿年，他认为把底下板块抬升了，这就是很好的实例，实际上隆升的过程中上面逐渐地风化可以破裂，然后使得底下岩石裸露在地球的表面。这里也发现一旦一个海域发生浅源地震，在西侧或者说在岛链的西端也会发生一个级别差不多的地震。比如说曾经在琉球那一带发生过一次五点几级的地震，这样在台湾花莲外海 3 天之后也发生五点几级的地震，这样的例子也比较多。我想这可能与海水的灌入有关。

于是我得出一个结论，板块运动只是一种表现形式，并不是板块运动导致的地震，而可能恰恰相反，是地震的酝酿导致板块的运动。在这里面地球内部的核衰变放射能量是 10^{27} 尔格，其中能量跑到哪里去了呢？目前的解释并不唯一，但是我看一本虞震东老师写的书，他认为这个能量是转化成了石油和天然气，所以这个观点是石油是消耗不完的，除非地球停止内部的核燃烧活动。我们研究地震肯定要有实际应用的，不能够仅仅用于地震的预测与预防，这也可以用来寻找一些能源。

杜乐天：展示一下日本的那个图，好几个云往上冒。这个图片是在震中吗？

孙旭龙:不是,这是其他地方拍摄的。有一个广东人曾经实拍了地面冒气过程的视频。

杜乐天:这是什么地方?

孙旭龙:这是四川几个人观测到的地面震云,因为这个云的颜色是比较黑的,它是近地的一个震。

提问:你各种曲线是什么图?

孙旭龙:那是天气图。

提问:这些现象都是天气图上的,你怎么能区别是本身气流运动。

孙旭龙:根据前一张和后一张两个气压图比较。

提问:我问你怎么区别是天气系统本身的各种变化,这是一个问题。还有气团在气象上有严格定义的,你这个是大气气团还是地底下气团。

张启文:我代替他解释一下,地下有地震发生就一定会排热量和排气,对地面气压肯定有变化,这种变化会使等压线走势异常,他的这个方法在会议期间,山西和台湾地区的地震都提前预报出来了,用气压图报地震,我还是第一次见到,非常需要进一步深入研究(已经本人审核)。

主持人耿庆国:我觉得我们的少年学者报告还是很不错的,让我们再一次给他掌声。下面请我们顾问朱建国将军讲话。

◎ 方法是人类知识认知中最有价值的

朱建国少将

朱建国(中国人民解放军总参谋部):

我学习一点心得,这次讨论地震预测方法问题,我认为非常重要。因为方法是人类知识认知甚至于智慧当中最有价值的东西,这话不是我说的,这是一个大科学家讲的。这次总的研究这个问题非常有意义,现在地震的问题有很多的经验,毛主席讲我是靠总结经验吃饭的,现在我们许多经验怎么样变成方法,有了这个方法就看用什么方法减灾,现在灾害不断地发生而且比较惨烈,所以解决好方法的问题还是很重要的。

方法要集成,按照钱学森的观点,这些方法各有长处,我们要把好的方法都集成起来,我们通过这次会议让人学到新的方法,这样防灾意义就非常大了。我们现在预测会要能够把大家提出的方法总结起来。其中方法里面的资料,很多科学的方法像地震学的设备,现在听到一些都是很科学的方法。还有一个很重要,我们特别注意灵感,这个也应该重视起来。钱老也讲到这个问题,这也是传统文化里面很多好的东西。因为从易经到太阴经等里面完全是提出了非常高的智慧,现在正确程度最高可以达到95%,这不是随便说的,公安部,安全部,总参,国防大学,还有二炮经过8年多的考察,经过大量的事件检验能够达到75%,我们一次军事演习,你是红方我是蓝方,他告诉你怎么对方会采取什么方法,之后能够达到95%,这套系统我们不能轻视。

总之我们对这些常规的科学的方法和灵感的东西都要懂,实际上世界各国最高决策者都有考虑这些方面。所以我觉得这样对付地震是完全有办法的。实际上比如说海城,还有这次重庆,重庆这件事情也是很重要的。那天有一个很高的领导值班,这是部队先报的,大概1点多钟刚有人报发生地震,然后他马上命令武警和有关部队开到现场,到现场我估计三四点钟了,实际上地震发生在6点钟,就倒了一点房子,伤了一点,没有死亡。说明这一套要强调预防,你在预测出哪怕三个要素都正确也不能避免,因为没有行动,没有措施你知道了怎么样,所以必须要有预防的措施。

我的朋友说,5.12地震,下午2:48之前一个多种头仪器往外叫,就赶快采取措施,在西安,离这还很远,后来几次余震都有同样的反映,这完全可以做到。现在美军讲零伤亡,目前没有做到,但是这还是有重大的意义,我们地震应该做到零伤亡,特别是临震,总的还要预防,日本提前30 s可以少死伤一半,日本、美国、南美地震经常有,死伤不了几个人,现在关键是预防,你地震局不能说预测就搞点预防总可以吧,也不搞,告诉你没有用,所以非常荒唐,这次会议一个心得是方法非常重要,要把方法集成。现在好多人的方法已经非常成熟,有很多方面足可以做临震预测预报了,关键是这个防,不防知道了也没有用,你总得行动,要行动起来,采取预防措施,谢谢。

主持人耿庆国：我们开会的时候，北京晚报登了一则消息，说是美国人讲的：自己预报地震，用电脑联网通达信息。因为电磁波传的速度快，地震波传的速度慢，能够抢先 10 min 疏散人或者把电源煤气自动关闭，不引起火灾。美国人现在已经这么宣传了，自己预报地震能行；看来国际上风向变了。我觉得中国地震局也要跟着改调子了，自己预测地震能行。下面我们再安排一个精彩的报告，请杨学祥教授来做。

◎ 统计特征法

杨学祥教授

杨学祥（吉林大学）：

统计方法是统计两种现象相关，这种对地震来说就很困难，关键是地震比较精确的数字和相关的东西不是太准确，它的时间周期太短。如果数据太少统计的结果是不正确的，有什么办法呢？只好利用模拟理论，采取尽管数据很少但是能够抓住一些主要特征或者说信息，翁文波院士的说法把有用的信息拿出来看事件能不能发生，这种方法就叫做统计特征法。

比如说我们刚过去 2009—2010 年冬季，部分地区北京、沈阳、黑龙江都是冷冬，一般来说 2009 年 6 月的时候发生过厄尔尼诺，气象局说这发生以后要出现暖冬，他很快预报出来了，9 月份预报有暖冬，针对这个暖冬做了一下检验，结果我们报的正好相反，我们认为应该是低温冻害频发，应该是冷冬。我们根据以前的统计冷冬暖冬，低温冻害发生的时间来得出特征，什么特征呢？也就是上一个周期 1957 年，1969 年，1972 年，1976 年都是厄尔尼诺年，但是这个时期是拉马德雷冷位相，这几年之后不是发生暖冬，而是严重的低温冻害，在拉马德雷冷位相的时候出现的应该是严重的低温冻害，在这暖位相的时候厄尔尼诺经常出现暖冬。而且在 1977—2000 年连续出现了 18 次，有的省份可能 22 次暖冬，你沿用了前 30 年的经验来预测当然就错了，甚至有的气象专家说 2 月份可以转暖，他说前一段出现假厄尔尼诺，就是说跟拉尼娜相似。并说 2 月份要转成真正的厄尔尼诺，所以 2 月份转暖。我们发表文章说转暖不可能，因为 2009 年 12 月到 2010 年 3 月，根据张元东提供的一个潮汐的特殊天象组合，形成一个潮汐强和弱周期，在这个周期里面一定要冷，结果 2 月、3 月、4 月都没有转暖，我们一直延续到现在仍然是冷的。

涉及低温冻害有这么几个特点，这就是预测低温冻害的统计特征，第一个特征发生的拉马德雷冷位相时期，2009 年 9 月 29 日发生了 8 级地震和海啸，这个地震发生以后在《生命与灾害》杂志里面马上说了今天低温冻害可能性相当大。然后太阳黑子极值年和强潮汐时期易发生低温冻害。

1 月和 7 月是个地震高潮，为什么呢？1 月、7 月这个高潮是由气象引起的，一个是季风，印度洋的季风和东边的季风都是 7 月和 1 月互相转换的，互相转换形成一个潮汐风吹海面形成高低高低和冷暖冷暖的过程，这个过程引起相应的海洋地壳加载卸载，对地震有激发作用。

我们统计地震特点，在拉马德雷冷位相的时候地震增多，在暖位相的时候很少。地震在拉马德雷冷暖位相有明显差别。这个是低温冻害的根据，我们用的 2008 年丁一汇的资料，这是 1954 年、1964 年、1969 年这几个是冷位相，1984 年是延续了一下，这有一个滞后期，之后就是暖，冷冻没有了，这是南方冷的时间没有了，然后等到 2008 年最高。所以拉马德雷冷位相低温冻害才频发。

关于流感爆发，我们总结了几条，我们公开报纸发表六个特征，流感大爆发有六个气候特征，在一些文献上详细地归为八个，在冷位相里面爆发三个，以 11 年为周期，10 年左右爆发一次，30 年正好就爆发三次。到了暖位相没有了，再到冷位相又是三次，这次非常弱，一般人都不提，就是 1977 年俄罗斯流感，这个没有形成全球性的。到了 1977—1999 年暖位相没有，到了 2000—2035 年这个冷位相，我们预测 2008—2009 年，2011—2013 年，2018—2020 年都是流感爆发非常危险的时期，结果 2009 年发生了，这个爆发特点是什么呢？前两年要发生中等强度的一个拉尼娜和一个厄尔尼诺，之后这时候要发生强的低温冻害，只有是低温冷害年，这几个是很关键的特征，处在拉马德雷冷位相时期，前两年要爆发中等强的拉尼娜，之后发生厄尔尼诺，这前后发生严重低温冻害，然后出自太阳黑子谷值和峰值。2006 年 6 月发布流感爆发，这时候世卫组织流感警戒线提出 6 级最高级，这儿有没有这个特点呢？我们看一下 2007 年发生中等强度以上的拉尼娜，而且这个时期沙尘暴很厉害。2009 年 6 月发生了厄尔尼诺，然后 2008 年中国严重的冰雪冻灾，2008 年，现在有人说 2009 年，原先预计 2007 年是太阳黑子的谷值，符合这些条件然后就发生了。所以流感爆发是一个可间断周期，什么叫可间断周期，这本来在文献上查流感有一个 11 年周期，11 年周期是太阳黑子周期，这个 11 年周期不稳定，为什么有时候出现，有时候不出现，为什么呢？中间拉马德雷暖位相的时候不发生，你把这个暖位相给割掉，流感爆发就有时间周期。我们也对流感爆发进行预报了，我们在刊物上 2006 年就开始报道，到 2009 年被证实了。谢谢大家。

主持人耿庆国：杨学祥教授做了很好的工作。时间也差不多了，大家先休息 10 分钟。

主持人陈维升（北京工业大学地震研究所副研究员）：我们现在开会，下面进行今天天地耦合方法第二单元报告，由于刘承昌没有到会，由陈一文先生做一个简短的介绍。

◎ MDCD 法

陈一文：刘承昌老师的方法，根据我掌握的国内外从事灾害预测研究方面情况来看，他可能是世界上唯一的用各种不同种类的灾害做综合预测的人，而且是很系统的。他发现地球上的各种不同类型的灾害似乎呈一种有规律的网络分布：这个网络由东北—西南 45°方向与西北—东南方向 45°的斜线组成。

很多次刘承昌采用几种不同类型的灾害来预测另外一种类型的灾害可能发生的时间和可能发生的地点。要特别提出来，刘承昌的这个工作早在 1990 年，也就是 20 年以前在郭增建教授担任专家组长，由兰州市科委对他的工作做过鉴定。因为年纪比较大，身体不是特别好，所以他这次没有来。他的论文在《灾害预测方法集成》第 171 页。我收集了他过去的一些文章，他也经常把他的最新文章发给我。

我觉得有必要进一步对他的多种灾害网络分布背后的机制进行研究，特别是为什么呈 45°分布，很有必要进一步研究把后面的原因揭示出来。这是关于刘承昌论文简单的介绍，详细内容在他的论文里面有。

同时简短介绍一下《灾害预测方法集成》第 42 页《MDCD 法预报地震专家系统简介》。MDCD 是煤(M)、电磁波(DCB)的组合，因为王文祥研究员退休前在中国煤炭科学院西安分院工作，所以取了一个煤字，方法是电磁波方法。

这个仪器有一个传感器，传感器单元有 32 个方向，32 个 45°角的传感器，传感器单元下面还有一个专门探测垂直向下的传感器。这个仪器每 20 s 轮流采集每一个方向上监测到的电磁波信号。如果至少有三台仪器都监测到某一个地区来的电磁波信号，而且电磁波信号的特征比较一致，那么基本上就可以判断异常电磁波来自这个地方。通过多个台站交汇来确定将要发生地震的地方。根据他们过去的经验，发现电磁波的临震异常之后，绝大部分地震在 7 天之内发生，个别在 10 天之内发生。他们比较好的一个工作是从 2003 年 9 月起每个星期三内部发布中国境内和周边地区可能发生地震的预测，预测的情况标注在中国地图上，然后把预测的地震全标在上面，发震时间就是发布日期后一个星期左右，震级也标在上面。过了两个星期以后，把和实况对比标在上面。每周三的这些内部预测，以及两周后的实况对比验证报告，发给他们协作网的所有成员。协作网大部分成员是国家地震局的基层地震台，也有一些市级的地震局。同时也发给中国地震局和有一些省的地震局有关部门。他们的地震预测工作比较系统，从2003年9月到现在每年有57次每周地震预测，连续搞了这么多年。他们的效果是比较容易评估出来的。但是这个方法也有一些局限性。其中有一个局限性和昨天一位同志介绍的是类似的，就是震源区有一个活动的主要的方向，然后有一个垂直的方向。顺着震源区主活动方向和垂直方向的电磁波异常信号是最强的，但是震源区周围有四个“盲区”。在“盲区”里面如果你有台站，来自这个震源区的地震前兆信号可能就收不到。这个不足就要靠台站比较多，才能克服这个情况。

第二个比较大的不足是人为的。依靠自己的力量他们只保持三位分析预报人员，这三个分析预报人员（正常每天8 h，周末还要休息）只做到一个星期做一次周预报，即每周三报一次。假如说星期三报，可是临震前兆异常在星期四、星期五，或星期六出现，实际地震下星期三之前发生，那肯定要“漏报”。这个缺陷的弥补只要是有中国地震局或其他部门的经费支持，使他们能够配备足够的分析预报人员，做到每天预报，这些漏报全可以避免，目前每周一次周预报，大致70%的成功率就可以提高。

他们现在也认识到，我一直在宣传：可靠、准确的地震预测必须要靠多种方法，大家相互协作来综合地做，这个方面也在进一步的推进。谢谢大家。

主持人陈维升：下面有请曾佐勋教授作报告。

◎ 多点排气法

曾佐勋教授

曾佐勋：

我这个题目叫多点排气与地震预测，现在用排气进行地震预测已经有不少人在做了，多个点排气情况下怎么样确定地震的位置呢？

先介绍一下印尼震前排气的情况，这是 2009 年 9 月1 日，凌晨 3 点的情况，凌晨 4 点的时候已经开始排气了。凌晨5 点的时候排气的情况是这样，9 月 2 日下午 1:55，在这个地方发生了 7.3 级地震。像这样定地震的位置是相当准确的，周围都是升温的，就这个地方排气，地震就在这个排气点发生。这一个是伊朗的例子，有一个断层，震中在这个地方，排气口在这个地方（图 15）。这样来定震中位置应该说都可以定得出来。

下一个例子有些复杂，我们看排气非常清楚是这一段，这个容易造成误差，把震中定在这个地方，这样震中误差就大了。震中应该在哪个地方呢？应该在这儿，为什么呢？因为这个震例排出来的是热气，热气在这个图上是黑的，所以排出

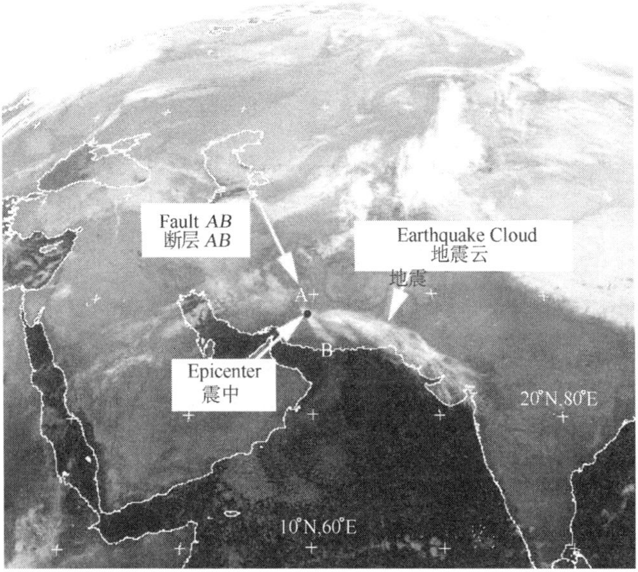

图 15　伊朗地震单点前快速排气图

来的时候是热气段，在这个图上表现为一条黑线，降温之后形成了水蒸气，变成了一条白线，大家也看到这条线状云了。利用卫星云图做地震预测不要把这个热线段忽略掉了，抓住这个，位置还是可以报准的。我现在提出的问题是如果不是单点排气而是多点排气怎么办。我今天重点谈这个问题，这次会议上大家都没有谈海地地震，我把这个作为一个例子介绍一下。这样云图上有多点排气，你们认为哪个地方会是震中？我再把范围缩小一点，你们认为这两个点哪一个应该是主震的位置？2010 年 1 月 12 日海地地震，发生在太子港南西 15 km，7.3 级。就在这个位置。

我们需要把构造背景加上去，太子港这个地方构造背景，一条北东向断裂，另一条东西向断裂。这样再来看排气就有规律了，预报就有依据了，这主要是两个因素，一个是排气规律，一是构造背景，需要将这两个方面综合起来。这里是主震的位置，这里是余震的位置。刚才我给大家的云图来看多点排气，现在就有规律了，前面这些排气都是沿着北东向断裂带排气，还有一条什么呢？在这个交叉点上，北东向与东西向断裂交叉点排气，东西向断裂排气时这个点还在排气，这样来看排气是很有规律了。

看这一张云图，这个时候东西向排气减弱了，北东向还在继续。下一张云图，现在东西向加强了，北东向减弱了，可是不管怎么样变化，这个交叉点还是在排气。所以震中在这个位置能够得到很好的合理的解释。通过海地地震排气的例子，我想说明多点排气观测也可以作为地震预测重要的依据和参考。

总的来说，重视构造背景情况下的多方法，多手段分析是最好的地震预测方法。谢谢大家。

主持人陈维升：下面有请郭安宁研究员作报告。

◎ 三性法

郭安宁研究员

郭安宁(中国地震局兰州地震研究所):

我们现在进行地震预报研究做很多东西,但是体制内又是怎么做的呢?产生很大的矛盾在什么地方呢?按程序来说,他先有超长期的预测结果,然后才有长期的结果,长才有中,中才有短,短才有短临,行政手续是这样往下布置力量。我们突然给他一个短临的东西,他拿在手里一般没有办法处理,这个地方没有要求跟踪,我怎么做结果,这个程序上就有脱节。比如说这次问到汶川地震的时候,人家预报室说为什么不把汶川地震报告出来,他一句话就顶过去了,他说第四代烈度区划图颁布标准,我们是 7 度区,这个 7 度区表明只有 5 点几级发生,他说北京这么大专家综合全国成果之后都划成 7 度区,你叫我们在把它跟踪说成 7 级或者 8 级以上根本不可能的。就拿唐山早年划为 6 度区,之后造成大家思想麻痹,包括这次玉树也都在 7 度区,所以我们工作体制上产生一种非常不磨合。

做这个预测得一步一步来,最好要有长期预测结果,不要忽视长期预测结果,没有长期预测结果就不好进行到中期和短期,这个步调必须慢慢走。我们下面就来做这个长期预测探讨。

这篇文章是三性法,用在青海得出的结果在青海 2012 年前后 2 年内可能发生大地震。按照咱们国家地震预报管理条例,这个趋势判断属中长期判断,由取样地区你甚至可以把地点指出来。

现今我们的预测真正纳入预报体系,要经过地震评价委员会,第一叫科学性,第二个准确性,每一个预报后面要有这个结果,这两个结果是定死的,而且还是不容商量的。我们做任何东西的时候必须要对依据有所说明。这次高教授主持成因方法研讨会，你不管什么方法最后要把成因机制说明，这才能导入程序之内。你有好的预测结果也要有前后说明，我们向中国地震局打报告也一样，把报告写完了用的什么方法后面写一些，我们必须不论产生什么效果，把道理都说一下。

预报青海玉树地震是用三性法做的，这就是基于青海地区地震活动的周期性、倍周期性和每个周期的黄金分割性。地震在时间上有特征，在地点上有特征，我们没有办法就用这些来捕捉最有可能发生的年份。最后得出一个青海玉树2012年前后可能发生大震的趋势判断，用三性法估计的。三性法的物理是基于两个外因合成后去触发某地区孕育快成熟的地震。但这两个外因的周期之比应符合2/3或3/5的比例。因为这样两外因合成后其最大振幅在时间轴上才会呈现前述的三性分布，若由该分布去触发某地区地震的放能过程才会出现地震在某些三性分布点上发生，从而按三性法去预测它们。在实际预测时把所研究地区的大震按时间顺序排列起来，看它们是否符合某种周期的三性分布（如有1～2年误差，亦可用），如符合就按这个分布向未来外推去预测大震发生的年份。

假如说两个外因之比是1、2、3、4、5任意两个之比，则合成后其最大振幅和次大振幅在时间轴上的分布所触发的地震分布可能就是翁文波院士在早年总结信息有序性规则的物理依据。其次三个不同周期的外因来叠加，这就可能走向混乱。那就不好作预测了（已经郭增建研究员校核）。

主持人陈维升：下面有请任振球先生做一个简短的发言。

任振球：我这是对 HRT 的看法，首先是在 9 级地震发生的，三个地震出来以后有三张图，我用我的方法进行位相分析，在咨询委员会上有一次研讨，后来我一检查开始有正常的潮汐波活动没有地震，有异常的时候才有，我一分析发现我的共振开始了就出现异常，共振条件满足了，判据满足了基本就结束了，一两天进入时震。后来我就跟他讨论，因为昨天老赵也说了这个事，外来力敲打地球出来这种信息。实际上反映的是一种综合信息，现在似乎看起来单手段，但是在这个单手段得到的信息，我看成是天地耦合的结果，不是某一个地下的，还包括天和地两个耦合出来的。

我们过去提法，因为我搞的是引潮力共振，这是说成天文。地就是地下的临震消息，我过去合作多的就是北工大地震研究所，合作大概有 7 年左右。为什么跟北工大合作？因为他们手段最多，这种手段我们所掌握比较可靠的手段加上天文的引潮共振一配合以后要全部满足才能报地震，如果有一个不满足地震就不能预报。即使临震信号地下条件反映很清楚，如果不到引潮力共振触发的时候也不会地震，触发了才会地震。

主持人陈维升：下面请王涌泉先生做一个简单的发言。

王涌泉：

第一句话，从北工大的会到这的会我的总评价，我认为很成功，确实是贯彻了百花齐放，百家争鸣。对在北工大那天最后结束的会，就非常高兴。我回想起专家委员会刚成立的时候跟成立前讨论问题有所差别，现在又说明我们确实进步了，确实在这一二十年中间有发展，我们对得起广大的群众、人民，对得起组织，我们做的事情不错。

第二句话，我突出地感觉到在地震预报上我们跟主管部门还不对口，跟主管部门的关系需要调整。我们在水旱灾害问题上，在水利口，从主管的流域单位到部到国务院，到国家主席，我们都没有出过问题，渠道畅通，而且比较协调，并且不是一次，而是多次。我很希望地震界的同志好好地想一想这个问题。我们这个专业委员会，包括我们的咨询委员会怎么样把这个关系协调好，这一点是给人民做更多事情的条件。

第三句话，我觉得基本上是两条，作为灾害的预测研究一条就是要有事实，证明要有多次事实，无论是现在是刚刚发生的，还是若干年前发生的。我们应该把物理规律找出来，不是找一次、两次，而是多次，甚至尽可能掌握时间长一点。因为中国有这个条件，我们要掌握好。我们一定要追寻物理，我们在过去的会议里面看到同志们发现了重要物理因素，这对我们非常关键，我们抓住了之后要深入、深化，我觉得在事实和物理两方面再下功夫，我们再过 20 年，当 2030 年的时候，我们再来开总结会，会感觉有更大的进步。

第四句话，我提一点意见，我觉得这个专业委员会比较老的同志，翁文波先生过去了。他让郭增建做预测组的组长，他后来担任我们主任，又担任地震局里面咨询委员会主任。让我担任总结组组长，我觉得总结组的工作做得很差，我们虽然在前十几年想做但是得不到支持，连印一下快报，每一年里面有重要的灾害，我们某些同志做了一些工作或者做了一些接近的预测，我们想印出来，这个意见跟翁文波先生一起商量决定这样干，但是做不到。1998 年同志们的稿子都集中起来了，国家防总支持一点经费，我们在地震局里面拿不到，他们也不能算白努力了，但我们没有印出来。1998 年到现在已经 12 年了还没有印出来，所以说我们的工作是不容易的，很艰难，这里面曲曲折折就不去讲了，我相信今后继续努力一定会做出更多的事情来。

主持人陈维升：下面就前面几位专家所做的报告可以进行一下讨论。

郭增建：这一次会议参加以后我和王教授感觉一样，大有进步，我们将来预测工作更能进一步做好。王教授提的第二点与中国地震局的关系，这个问题提的很重要，我的观点是督促地震局在地震预报上要上马，在这个关节点上来搞好关系。如果地震局放弃或淡化地震预报，认为地震预报没有一点可能，我们不同意。

我最后讲几句，今日的世界科学向三个方面前进，一个是极大，像宇宙科学很大。还有一个是极小。再有一个是极复杂的。现在科学向这三极前进。极复杂，今天地震预报科学还有其他复杂性学科，就属于这个领域。今后我们向极复杂方面前进，一个是要有大量的事实，一个是要有大量的经验，我们李世辉教授前一阶段讲过对复杂科学要用精确的数学描述不可能，不仅不可能还限制了我们的思想。我们在复杂性科学上要想办法。我们要想指标、方法、经验，也要想复杂科学的机制、道理。

这一次会议讲方法，讲机制，都是很重要的，这一次会议在一定程度上大家都有进展，有说明，有规律，但是这个问题因为很复杂，所以一下子不好全说清楚，这就要继续努力，我相信咱们这些人还是对国家能做出一定的贡献，在地震预报上要督促地震局上马。我谈完了，谢谢。

主持人陈维升：下面接着讨论。

徐道一：在讨论上有一些话来不及说，这次很多人说天文的因素，潮汐作用力，我觉得很重要，在这样大震频发的时期在潮汐引力发挥最大的作用的时候，对应 8.6 级以上最大的地震，材料在《2010 天灾预测学术研讨会议文集》上有，几次会上都没有时间讲，刚才整理了一下。1987 年印尼地震之后，1899 年墨西哥，1900 年加勒比海 8.4 级地震。现在回顾起来我们搞地震的最早的老郭 50 年代搞的，那时候也刚开始搞。我们这一代邢台地震，渤海地震到昆仑山地震，汶川地震，现在面对的是还没有经历过一个地震高活动的时期，我们要做好。

20 世纪 60 年代、70 年代当时为什么有这么好进展呢，就是因为团结很好，不光有地震局，天文台等很多人做了很多研究工作，我们现在还应该更好地发挥作用，老汪的文章看了之后有一点体会，这是他多少年搞地震预报的很好的总结。预报的成果要能掌握好，这是他的经验总结。要从预测到预防取得效果，确实要改变我们有一些人的思维、做法，我们要群策群力，使预报预测能够跟上面取得应有的支持。谢谢大家。

汪成民：我在会上三天学到几点感想，我们这次会议在汶川和玉树地震漏报，全国人民对地震预报非常关键的时候召开的，我们通过会议上看到非常有利的事实。今天听到关于战略上论述可以预测的报告非常受启发。听了从战略层到理论听了许院士的报告令人震撼，用大量的事实来论述，他第一次明确表态地震可以预测，汶川地震也不是不能预测，用否字来表态。最后建立一个模型，这个模型是初步的，大家只是提了一个设想，就是地下放气，刚才我写一篇文章从我观察到的事实来支持。

韩延本：我们天灾预测委员会很多专家做了一些预测，我想地震局有预测的标准，要填预报卡，这个要求非常高，要填得非常精确。实际上现在的发展对地震预测这么难的一个问题，做到这一点非常困难，这可能限制很多东西，你做了很多预测说你这还没有符合标准，这不能算或者不能受理。我想地震局很多专家也做不到这一点，这就像一个东西有价无市，你做一个规定对学术发展不是很有利，我想在座的专家有渠道反映一下这个问题。你说以前邢台地震以后周总理提出来打个招呼也好，现在就没有打招呼的机会，你要做非常准确的预测才能去报，是不是预测可以分成几级，比如说有的预测很准，还有一些说出一些趋势起到打招呼作用，这一个是对国家领导说，另外对有关专家提供一些信息加强研究，也许对地震预报事情能够走得更好，最后能够给出更为确切的信息，这是我的一个想法。

徐好民：1970 年沈宗丕预测台湾或福建有 8 级地震，当时福建政府拿到意见以后开会研究，发现没有明显异常，就分析地震可能在台湾，这不是很容易吗。像汶川地震，当时沈明军给都江堰政府说你这里可能有大地震，政府领导说不可能。我想若当时四川政府不是这样做，而是不要辟谣，给群众说我们一定要负起预报责任，大家不要慌，大家要注意异常，把异常及时报上来，我们根据异常随时判断有没有地震。

哪有一个井水异常一年多，到震后一年多了还不知道？我觉得以后应该有一个纪律。当时汶川之后我写的第一篇文章是地震是不能报还是不去报，一旦大量异常出现马上判断跟地震有没有关系，你说没有关系，有了地震就要承担这个责任。大地震是突发事件，我们要打信息战，就像打仗一样，你要随着战局的变化做对策，这才是打仗。这就是一个责任，这就是一个贯彻，地震预报该过关了，我说的不是空话。

杨学祥：我认为现在搞地震预报评价的问题单腿，只评别人不评自己，是单向的。为什么呢？比如说这次玉树地震，现在公开的消息有三条，第一条一个业外人士报得很准，地点很准，级别很准，但是没有相应的机制，被评为不合格。

第二条有一个业内人士报得非常准，也是玉树，震级报小了，人家说了 6 级不在 7 级破坏地震之内，也过去了。

加上沈宗丕的观点，他的观点也给否了，说是时间好像很准，震级也很准，但是范围太广了，环太平洋地带，大小华北地区还有中国西部，他一个一个都给打发了，但是作为你收集前面地震预测信息的部门，你不但是评价别人，你得到一个综合信息，你能不能去综合这些信息，其中有的地震报得很准，级别也很准，有的机制很准，有的预测方法很准，有的地方很准，你综合一下能不能得出玉树地震，我认为像玉树打个招呼的条件已经够了，他不去打招呼，反而把一个一个都弄掉，我觉得这种评价方法是不对的，评价是一种功能，第二种功能就是收集所谓的地震信息，看一看社会上有没有预报，预报这个条件不够，那个条件不够，综合起来条件够不够，我觉得这应该考虑。

徐好民：有人说地震局评估系统有些原则不可商量，你评估什么？说某处有地震，你看这个方法，那个方法，你怎么不看那个地方有没有宏观异常？我昨天说报地震有没有宏观信息，如果没有就不可能发生地震。6级以上地震必然有地下水水位宏观异常，井水上升了，平地冒水了，这之后有大量动物异常了，异常集中、加速就是必震信息、临震信息。

主持人陈维升：下面我们尽量讲短一点。

陈一文：我首先提出这样一个问题：大家知道我和各位有密切联系，但是我同时和国际上很多关注地震预测的组织，地震预测研究者，从事防灾包括联合国的防灾组织方面联系都很多。我想提出一个什么问题呢？实际上全世界都在看着中国，特别是这次青海玉树地震。把山西省侯马地震台余向红比较成功预测的情况报道出去以后，全世界都在关注。这一条信息发布后，我收到全世界给我发来，不断地发来大概有三四十封电子邮件，问我到底是怎么回事？这就提出一个什么问题呢？中国在地震预测问题上，从科学，从技术，从机制各个方面能不能获得突破，这涉及全球防震减灾事业下一步的发展。如果中国不能往前迈这一步，全世界根本不可能。所以我希望大家能够有这样一种责任感，不要仅仅考虑自己的研究，考虑将中国一些重要的灾害提前预测出来，还要考虑到这个世界性的问题，对此我们都有责任。

第二，我一直在提一个事情，汶川地震我们都知道这么多情况，我们这一群人，我们所了解的各个方面的情况最多；玉树地震发生了之后所有有关的情况我们也知道得最多。从中国的《防震减灾法》，无论是 1998 年版本，还是汶川地震后做了修改之后的《防震减灾法》，对于地震局规定的职责，我们把知道所有的情况对照《防震减灾法》的法律来讲，应该不应该追究相关单位的法律责任？这个问题我觉得必须站在中国人民的立场上来考虑。现在传说很多，讲中央这个意见，那个意见。这个问题不能这样看，不要那么考虑提出这个问题会出什么事情。中国共产党代表的是谁的利益？中国共产党代表的是全国人民的利益。从全国人民的利益出发，该怎么做就应该怎么做，否则目前这种局面不可能有根本性的改变。大家都知道我们可以预测，但是，我们做的工作再好，最后等于“减半”，打非常大的折扣，或者根本不起作用。

第三，昨天老严提出来有没有办法解决地震预测问题一个最大的难题。这个难题就是，对某个大城市而言，如果不同的预测研究者有不同的预测意见，有人预测有强震，有人预测只有小震，还有人预测没有地震；下面群众又有很多传言；刚才徐好民讲的异常，宏观异常不是没有，而是也有。但是，这个地震是不是一定最近要发生，还是不会发生，有没有办法来确定。我说有，而且这个手段是 1977 年就开发出来的。原理很简单，道理也很简单：每一个地区的地壳有地脉动，每一个地区地壳的地脉动的频率相对稳定不变，这个地区和那个地区地脉动频率不一样。孙威 1977 年开发了一个非常传统的谐振仪，把这个谐振仪的谐振频率调整到这个地区地壳地脉动的频率一致，引起仪器的共振。这时候记录是一个谐振得很松快的幅度很大的记录。在当地要发生地震或者是邻近地区发生影响这个地区地震之前，地震孕育过程中积累的地应力一定要通过一个临界点，即打乱这个地方地壳地脉动频率的临界点。这时，仪器的记录马上变成失谐，非常明显变为“紧张”的很小幅度的曲线记录。在这样的背景之下，如果出现两次脉冲，脉冲的幅度超过刚才讲的这个“紧张”的很小幅度的曲线记录三倍以上，后面就一定有地震，这个仪器从来就没有失败过。

主持人陈维升：因为时间的关系，我们下面请这次灾害预测方法研讨会组织者之一耿庆国先生做发言。

耿庆国：这次会大家讲的是很成功的，会前高建国教授做了大量的准备工作，还出了这么一本书，在经费上也花了很多的钱。通过天灾专业委员会的会商还有这次会议，我们这两个会是连着开的，我想要谈几点看法：第一个看法，我们这个会议还是受到高度关注的，不但社会关注，中央的领导都很关注，这是事实。

我们会议一些重要的纪要，一些尖端的意见新华社内参都向上面反映了，对我们高度的重视和关怀，也给我们非常重的担子，我自己觉得第一条仍然要全力以赴地把威胁我们的重大事情抓好，这是我们当务之急。我想允许我们这些科学家搞项目，通过这个来做一些工作。

关键还是像去年9月19日向中央打招呼的情况一样，我们现在渠道是畅通的，但是打招呼向中央报告情况要有水平，要保证抓得很准，这一点陈一文顾问谈到了，我有一个建议，约束天灾委员会的专家首先要严格遵守防震减灾法，一定不要在网上散布震情消息，如果真有情况也讲不出去，一定要遵纪守法。我们确确实实都是弱势群体，年纪也很大了又进行这样复杂紧迫的工作，我希望大家共同遵守纪律，不要干扰老专家们的事情，能够提供信息就可以了，不要上网，不要公开，你不能老什么东西都发到网上去，跟我们有联系的要遵守专业委员会的纪律。希望大家齐心协力解决我们在中国的土地上不要再发生唐山、汶川和玉树的事件，这是最高利益，国家利益，人民的利益，我们要给中国科学争口气，要给周总理方针路线争口气，这是我们最后的机会，我真的希望这方面大家真正团结，站在人民的利益的基础上，不要搞小动作。

我想我们都要遵守防灾减灾法，你没有把握要依法填卡片，一定不要按照你的风格写报告寄给他，如果大家觉得经过会商要以天灾专业委员会名义或者集体名义。如果既不是认真向中央报告，也不跟地震局打招呼，向社会上散布，这肯定是违纪、违法行为。我们没有什么胆小怕事，我们要在遵纪守法的前提下来做，你老在社会上散布地震谣传，地震局老来解释，这样就很麻烦了。

第二条，今年还有洪水的形势，尽管讨论的时候基本上不同意，但是我们专家也认为有一些洪水的情况，大洪水进一步追踪还是我们另外一个任务，重大灾害要紧紧盯住，另外通过今天这个活动毕竟在预测方面，在总结一些成果方面出东西，我们希望今年、明年还有一件事大家要办，就是怎么样提高我们专业委员会学术水平，就是以纪念翁文博院士100周年当做我们一个契机，我们在2012年2月翁老100周年的时候继续能够出一本高水平这样的书，这样的成果，首先能够在一两年里面在强震的预测上，在实现强震的预防上能够真正给国家和人民排忧解难，搞一点实事是对翁老最大的纪念。

怎么搞呢？通过总结我们的经验，提高我们的水平，再出一本很好的学术论文集《灾害预测方法集成》，这是今后一两年要做的事。我要讲的就这么多，谢谢大家。

主持人陈维升：刚才受高建国委托，他忙于会议工作。让我做一个简单的小结，这次全国灾害预测方法研讨会上与会专家和学者共做了40个报告，研讨会呈现出许多新方法，大家都从不同的角度，从战略上还有理论上提出了一些新的观点，大家讨论得非常激烈。

提问：我们这个会议和前面预测会议还是有区别的，你们考虑没有考虑做一个会议纪要？在这种会议上大家来了以后应该搞一个会议纪要当场通过，而且这个会议不牵扯到预测和保密，比如说参加人员讨论问题，主要的方法有什么进展或者怎么样，我就提这么一个意见。

任振球：在2008年奥运会期间防震问题有一个内部材料，很绝密的，就有一些人往外发奥运会期间有大地震，但是这个不可靠，我后来专门给中央写了一个材料，要以临震为准。这个绝密材料包括首都圈的震情，结果有人在一个新闻发布会上公布了，没有经过我同意，我很生气，我说这个绝密材料你怎么能在新闻发布会上公布呢。

严谷良:这个会开得很好,可能还有一个没有提到的问题,就是任务已经明确排出来了,科技部的同志已经讲了怎么能够拿出一个好的预报的案例来,就是打得非常准,打得响。现在除了其他问题以外,我认为在这种灾害预报当中有一个问题,我们这个科学家的心态怎么样,这个很重要。因为科学研究需要靠激情,要靠思维,碰到一些一般的科研文化不大,做失败了再重复一下。但是地震问题弄得不好就引起大事,这关系到动作怎么样,死亡怎么样,财产怎么样,所以这个事情责任很大,这种心态怎么样调解,我认为将来请一个搞心理调解的人把心态调整一下。本来很好的机遇你不敢去抓,过去科学发展史这种情况很多。我想既不要轻易丢掉机遇,有的也不能拿过来就吹,要经得起实践的检验,大家要从大局利益着想。

过去讲思想教育或者政治思想工作,这些都不谈了,而是一种心理状态的调整。面对大的科学事件的时候什么心态,怎么样拿出机遇,怎么样防止偏差是非常难的。

主持人陈维升:请高建国作总结。

闭幕词

高建国

经过两天紧张的会议，马上就要结束了。在结束之前，大家让我作个总结。要作总结，需要把大家的报告和发言细心回顾一下。我就讲一下参加这次会议的感受吧。

(一)研究灾害预测方法的必要性

许绍燮院士在会上作了精彩报告，有的同志称为这是多少年来听到的最好的报告。好在什么地方？原来他把看似无序的地震目录，按照不同的震级，一层一层地剥开来，展示出有序的图像，揭示出不同的发震动力背景。孙加林研究员把发生在2009年9月19日至2010年4月9日期间的大华北地区的4级以上地震分布划圈，使我们明白了其中的奥秘。我们知道中国的西南地区和华北地区大地震具有“两头跳”现象，过去以为是一种统计规律，徐杰研究员指出，按照中国大陆现代构造应力场分布，中国有沈(阳)—西(昌)—昆(明)断裂构造带和纳利夫金断裂构造带；地壳运动和地质构造产生也遵循最小耗能原理，鄂尔多斯和川滇块体好像是青藏高原向东滑移的“两条腿”，如果一起移动费劲，交替移动省力——它们会交替地积累和释放应力。

为什么要推荐这三个报告，按照郭增建研究员说的预测方法要讲物理，就是要把复杂的灾害和前兆图像清晰地表达出来，讲得生动更不容易。看清楚预测方法后面的支撑条件是什么？动力要素是什么？如果我们只是按照预报准确率来描述，那还只是概率，还是统计层面上的，并不是物理层面上的，是很难从理论上加以提高的。

(二)灾害预测方法通俗化问题

不少人说，我预测的方法是很准的，准确率达到多少。那请你说一说，你的方法是什么？有些人就过不了这一关。因为他所采用的方法，大多数人并不认同。或许他没有说清楚。表达是一种科学，也是一种艺术。赵玉林研究员讲的 HRT 波方法，HRT 波的原理是像检验一只碗，一只碗破没有破只需要敲一下，声音是不一样的；地球上哪儿将会发生地震，原理与敲碗的办法一样，但给地球一个刺激，这可不是容易的，只有用潮汐力波敲，出现与平时潮汐力不同的波，看来这种方法已经实现了。他比喻得很生动。李世辉研究员把地震预测比喻战争，地震预报的决策者如同指挥战争的指挥员一样，需要经验判断。他的依据充分，讲话底气十足，深受大家的欢迎。实际上他身患疾病，夫人还陪着来开会。赵玉林研究员和李世辉研究员不仅讲得好，还附上必要的 PPT。

2009 年，我在山西大学召开的第六届中国灾害史国际学术研讨会上作总结时说，社会科学工作者普遍比自然科学工作者表达得清楚，我很赞同，但发现他们不少人 PPT 作得很差，甚至没有 PPT，这就影响了听效，影响了时间。原来他们的老师讲课可以不用板书，但时代不一样了，学生已经是三四十岁的博士、教授了，又不是七老八十，怎么不能与时俱进？

逻辑思维和形象思维高度统一，才能取得最佳效果。在下一届灾害史学术会议上如果报告者没有PPT，我建议您的报告可以发表，但取消在会上作报告的资格。

参加本次会议有不少老同志，一辈子都搞预测，但周围的人并不理解您的方法。这是为什么？我想平时主要只听到预测结果，很少讲用的什么方法；其次是表达的问题。像许绍燮院士那样把问题和方法讲得清清楚楚，别人是会理解的。说句不好听的话，如果说不清楚，百年以后，由谁来继承和发展您的方法。当然，还可以写论文发表，但论文写不好，杂志编辑部也不会通过。

这次会议的宗旨是通俗化，我们大家都做了很大努力，取得了一些进步，但还很不够。今后，我们只要有条件，还要召开类似的会议，还要邀请更多的同行到会。

(三)关于预测意见的发表问题

预测方法和预测意见是不可分的。这次会议出版的《灾害预测方法集成》，不收预测意见，只收录预测方法。预测意见区分是中期，还是短临的。中期意见可以发表，但短临预测是不能发表的，到哪儿都不能发表。有位先生在博客上发表他的地震短临预测意见，据说人气很旺。我劝他还是收一收，因为这种行为是明显违反防震减灾法的，会造成群众的恐慌心理，是找麻烦。有预测意见可向有关部门反映，不要写在博客上。如果您不听，有人会来找您“麻烦”的。

最后，预祝大家会后一路平安，身体健康。谢谢。

·附录·

汶川震例是否印证了地震不可预测?答:否

许绍燮

(中国地震局地球物理研究所,北京 100081)

1 不可认为地震根本不能预测

2008年5月12日汶川大地震,人类再一次遭受了地震的巨大灾害。地震真的根本不能预测吗?纵观论述地震不能预测的各种论点,诸如地震是稀有事件,震源的不可入等只是表明突破地震预测的极度困难,并不能证明其不可为。但唯有若认为地震是自组织、无标度无结构这一条,才可算是致命性的不可为判决!我们在文献[1]中专门报告了,我们掌握的观测事实是,地震活动是分层的,不同的震级档地震应处在不同的分层中,反映在地面有不同的地貌特征。若认为 $\log N = a - bM$ 这一古登堡—里克特地震发生频度曲线是表明了地震是自组织、无标度无结构,这实际上只是一种错觉[2]。谁都知道大地震不是任何地方都能发生的,大地震不是任何时刻都可以发生的。说明大地震的发生是有它的规律,只是我们现在还没有完全掌握它的规律,所以不可认为地震根本不能预测。

2 汶川地震的动力具有大尺度与深层次性

唐山地震后,我们即使事后诸葛亮搜寻震兆,但仍然未能预测到位(震级达不到8级)。2006年唐山地震30周年时，我们则报告了唐山地震的可预测性[3]。原来控制唐山地震的动力具有很大的尺度。需要俯瞰全球，才能把握8级大震。视野太小，尺度不够，预测就不能到位。

汶川地震的动力除了具有唐山地震需求的大尺度外，更发现了深源(深度达150 km)地震的非常具有特色的震前活动[4]。汶川地震的动力具有大尺度与深层次性，这或许正是汶川震区前兆似乎未能察觉的根源。

3 地震预测当务之急——预测能力再上一个台阶

地震是否根本不能预测？国内外争吵已经到了人身攻击的境地："说地震能预报的是骗子"！说真的，要从成因机理上彻底突破地震预报可能真的尚需要几代人的努力，犹如天文学家们抓中微子、暗物质一般！但是就地震的发生来说，即估计其发生的时、空、强而言，积我国40余年的实践经验，目前我们已具有约30%($R=0.3$)的成功预测能力，应该是可以说得清楚的。诚然$R=0.3$的能力很微弱，非本行专家不易体察认可，仍会使人们感到预报犹如在瞎蒙一样。我经常调侃说：要将百年发生一次的8级大震，报准到±1天，预测能力需要达到$R=0.9999$(即99.99%达到足金的纯度，信息中不能有一点杂质水分)。但是我们估计，若是R值上到了达到0.8的台阶注，人们的观念就会改变，那时可能就不会有人感到地震预测是在瞎蒙的了。且看今日之天气—气候问题，连当代是在变暖还是变冷也还有争议！但是人们每天还是诚心诚意地去看天气预报，作为出行的参考。

如何提高预测能力，如何寻找尚未进入我们视野的另外

70%的信息呢？前面提到的关于汶川地震动力的大尺度与深层次信息，是一个方面，此外我们认为探索地震预测尚须关注“天外来客”。

4 探索地震预报尚须关注天外来客[5]

在探索地震预报的专业队伍中，常流行着一种论点，即所谓上天有路入地无门，以此表明地震预报之所以成为难题的一个主因。诚然，精确掌握地下深部的构造与动力是探索地震预报不可或缺的基础信息。对其给予十二万分之重视是完全应该的。但是毋容忽视，天外来客，也有可能在地震发生的过程中，起着某种决定性的作用。作者认为，探索地震预报尚须关注天外来客。

可能有人认为，地震的发生即使真有天外来客也是外因，只能充任一种触发作用，只有内因才会有决定性意义。飞船在太空航行有赖于飞船内置的火箭动力是毫无疑问的。但飞船如何飞行、何时返回等，则也可决定于外部地面的指令信息。复杂事物失稳突变的引发，往往不在于主动力的增长，而是侧向次动力的缩减。

自 1556 年华县 8 级大震以来的地震史料表明：中国近 450 年间的地震活动性涨落与太阳活动具有明显相关性[6]。

· 450 年间我国地震活动有两个较为明显的活跃期，活跃期 A 与活跃期 B。

· A、B 两活跃期中的主要地震（$M>8.0$）似遵守统一的发震节律。

· 主要地震与太阳黑子活动涨落相关，主要地震多数发生在太阳黑子数极小年 m 前后，或极大年 M 后。与黑子极小期的相关似更显著。

· 17世纪太阳黑子的百年尺度蒙德尔极小期,正好对应着我国17世纪以1668年郯城8.5级大震为代表的地震活跃期*A*;太阳黑子百年尺度的极小期,在20世纪前叶,似又再次显现,而我国当时又出现了以1920年海原8.5级与1950年察隅8.6级地震为代表的地震活跃期*B*。这种重复出现的百年尺度地震活动性活跃期与太阳黑子活动低潮期的相关性值得重视。

· *A*、*B*期中主要地震发震日期多集中在两至(夏至与冬至)前后。

· *A*、*B*期中主要地震发震时刻多集中在午时至午夜间。

近代我国地震与世界地震仍继承着450年来与太阳活动的相关性。

· 1988年11月耿玛澜沧(M7.6)地震以来的20年间,我国中强以上地震($M\geqslant 6.3$)多集中在青藏与其周边:以2001年11月14日新青M 8.1地震为主的北东东纬向带与以2008年5月12日汶川M 8.0地震为主的北东带。前者多发震于发震年份的11月或4月;后者多发震于发震年份的5月或11月。两者的共性是均发震于发震年份的两分到两至间,即春分到夏至与秋分到冬至。表明了我国近代地震仍保持着与450年来相似,与太阳活动的季节变化有密切相关。

· 发震时刻的地方时分布也仍具有我国450年间*A*、*B*活跃期中主要地震多发生于午时至午夜间的特点。

· 对比了日本空间环境信息服务中心(NICT)太阳活动性图件(1999年11日至今)与全球$M\geqslant 8.0$地震,可认为全球大震极大多数不发生在磁暴期间,而是发生在太阳活动平静时刻。这一现象与本文前述大震与黑子极小年相关性更加一致。

综合上述事实，表明地震活动性与太阳活动间存在着明显的相关性。这种相关性以颇高的信度显示于：

百年尺度——450 年以来的 A、B 两地震活跃期对应了太阳黑子的蒙德尔极小期与 20 世纪前叶极小期；

十年尺度——大震多发生于黑子小 m 年前后与大 M 年后；

年内四季月份尺度——两至(夏至与冬至)前后多震；

地方时昼夜尺度——大震多于午时至午夜前发震。

自有可靠震史的 450 年以来至今，上述多种时间尺度相关性的规律特征均展示了其继承性不变。从而表明两者的相关性应具有深刻的动力成因机制，是今后必须深入探索的课题。

再考虑到当前地震预报中较为行之有效的一些方法：地磁低点位移法；磁暴二倍法；电离层电子总浓度(TEC)法等，都是立足于太阳活动性的变化以预测地震。这与上文所列多种尺度的地震活动性与太阳活动具有相关性是一致的。特别是我们直接观测到了大尺度地层响应的波动运动，其传播速度可以达到每秒数百千米的量级(《中国工程科学》2007 年 8 月 p. 15)，这只有在太阳风，粒子环球漂移中的电磁类型物性传递中才有可能。因之探索地震预报必须关注宇宙环境的变化。探索地震预报尚须关注天外来客。

但是，在此我们也必须特别强调指出的是：一方面我们观察到了强震的发生与太阳活动相关，有些行之有效的地震预报方法，也是直接建立在磁暴太阳活动的变化中；但是另一方面，每个强震发震的具体时刻，却又是处在太阳活动的平静期（发震时无黑子与无磁暴的高活动），从而表明它们之间不可能是一种直接的因果关系。这也正是地震现象复杂性的又一种表现形式了。

发射地震电磁探测试验卫星，正在成为地震预报探索的一个热点。但有人质疑，观察地震前兆在地面上尚且还理不清头绪，引领到了天上（卫星上）怎么会更有效呢？人们正在设想多种可能的上天优势（例如：空间洁净的电磁环境，高空放大了的电磁信号等）。但是我们认为，若从本文提供的证据，从上述大尺度、天外来客角度，着眼于迎大尺度天外来客，发射卫星上天监测，应该是较为合理的战略思考。

参考文献

[1] 许绍燮(XU Shaoxie). 大尺度地层内的分层运动. 中国工程科学，2006，**8**(6)：14-22.

[2] 徐治国. 地震学界的两个阵营. 科学新闻，2009，(9)：8-13.

[3] 许绍燮(XU Shaoxie). 高震级地震预测需求大尺度视野——唐山地震预测为何不易到位. 唐山地震30周年，天津市防震减灾30年纪念论文集，2006：9-13.

[4] 许绍燮(XU Shaoxie). 从汶川地震震前现象认识其发震动力应具有的大尺度与深层次性. 中国工程科学，2009，**11**(6)：16-18.

[5] 范兴川，佟旭. 探索地震预报尚需关注"天外来客"——中国地震局许绍燮院士谈探索地震预报需调整思路. 科学中国人，2009，(2)：64-71.

[6] 许绍燮(XU Shaoxie). 我国当代20世纪前后的強震系列似可表示为1556年华县始发強震后继系列的异相镜像(系列重演). 华县大地震450周年纪念暨学术研讨会文集，2006，(10)：3-6.

拉马德雷冷位相低温冻害及其预测方法

杨冬红　杨学祥

（吉林大学，长春 130026）

1　方法简介

统计分析表明，严重低温冻害、8.5 级以上强震和流感世界大流行主要集中发生在拉马德雷冷位相时期，呈时空有序的链状分布，称之为拉马德雷冷位相灾害链。灾害链与拉尼娜事件、厄尔尼诺事件、太阳黑子极值、沙尘暴、潮汐变化有非常好的对应关系，可以作为预测的前兆。我们称之为统计特征法。

严重低温冻害预测的判别标准：严重低温冻害发生在拉马德雷冷位相时期；滞后 8.5 级以上强震；强震和强海啸有激发作用；发生在厄尔尼诺年或拉尼娜年；太阳黑子极值年易发生低温冻害。

2　机理解释

严重低温冻害、8.5 级以上强震和流感世界大流行主要集中发生在拉马德雷冷位相时期的原因是：在拉马德雷暖位相时期，全球变暖导致的冰川融化和海平面上升，地壳均衡运动使加载的海洋地壳下沉，卸载的大陆地壳上升，形成剧烈的地震火山活动。

1889年以来，全球大于等于8.5级的地震共21次。1889—1924年“拉马德雷”“冷位相”发生6(国外数据是4次)次，1925—1945年“拉马德雷”“暖位相”发生1(1)次，1946—1977年“拉马德雷”“冷位相”发生11(7)次，1978—1999年“拉马德雷”“暖位相”发生0次，2000—2008年“拉马德雷”“冷位相”已发生3次。规律表明，拉马德雷冷位相时期是全球强震的集中爆发时期和低温期。2000年进入了拉马德雷冷位相时期，2000—2035年是全球强震爆发时期[2,3]。

2004年12月26日印尼地震海啸后，全球低温冻害和暴雪灾害频繁发生。郭增建的“深海巨震降温说”是一种合理的解释：海洋及其周边地区的巨震产生海啸，可使海洋深处冷水迁到海面，使水面降温，冷水吸收较多的二氧化碳，从而使地球持续降温近20年。20世纪80年代以后的气温上升与人类活动使二氧化碳排放量增加有关，同时这一时期也没有发生巨大的海震。巨震指赤道两侧各40°范围内的8.5级和大于8.5级的海震。根据郭增建的理论，2005年以后全球气温将因为印尼地震海啸而降低[4,5]。

2008年1月中国50年一遇的雨雪冻灾与2004年12月26日、2005年3月29日和2007年9月12日印尼苏门答腊8.5级以上强震和海啸对应，2009年12月欧美和中国的暴雪和2009年9月30日南太平洋萨摩亚8.0级强震及海啸对应。

美国科学家查尔斯·季林2000年指出，月球通过影响地球上的潮汐使地球的温度上升。其周期为1500～1800年。当日、地、月排成一线且相互距离最小时，日月引潮力相互加强而变为最大，地球海洋潮汐规模也最大，这时就有更多来自海洋深处的冷水被带到海面。这些冷水可以冷却海洋上的空气。据季林的计算，大约在 1425 年即小冰期的末期，潮汐达到了最大值，从那以后逐渐减弱，直到 3100 年潮汐又达到最大值。这个周期是过去 1 万年气候变迁的主要动力。这个效应使地球的温暖期从小冰期末期一直持续到 24 世纪，而后随着潮汐的增强，地球的气候将逐渐变冷[6]。除了 1500～1800 年潮汐长周期外，潮汐中周期为准 60 年、54～56 年、22 年、18.6 年和 11 年。特别是 54～56 年周期(拉马德雷周期)，在全球气候变化中起非常明显的作用。

3　统计数据和图表

从图 16 中可以看出，1947—1976 年为拉马德雷冷位相时期(历时 29 年)，长江中下游冬季最大连续冰冻天数历年变化的高峰值从 1955 年到 1984 年(历时也 29 年)，开始时间后延了 8 年，结束时间后延了 8 年；1977—1999 年为拉马德雷暖位相时期(历时 22 年)，长江中下游冬季最大连续冰冻天数超过 4 天，1985—2007 年期间(历时也 22 年)一次也没有发生。长江中下游冬季最大连续冰冻天数历年变化的高峰值相对拉马德雷冷位相滞后 8 年，时间间隔的对应性非常准确。2000—2030 年为拉马德雷冷位相时期，长江中下游冬季最大连续冰冻天数历年变化的高峰值从 2008 年开始，开始时间后延了8 年，依照规律，结束时间也应后延 8 年。这对预测今后低温冻灾有借鉴意义：未来 30 年中国低温冻灾可能频发。

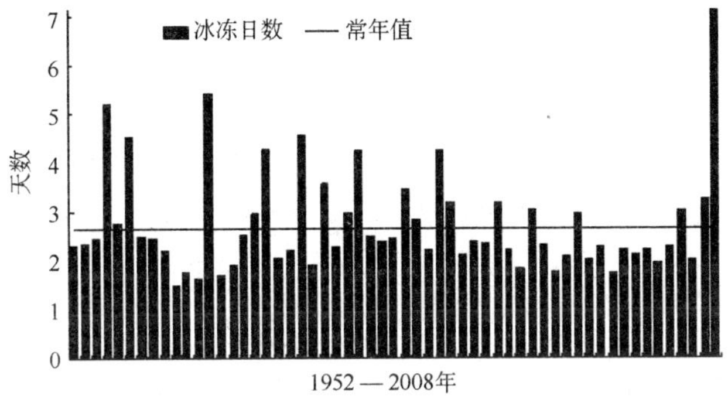

图 16　长江中下游冬季最大连续冰冻天数历年变化[9]

从图 16 中还可以看到，长江中下游冬季最大连续冰冻天数超过 4 天次数共 7 次，1955 年（拉尼娜年，太阳黑子低值年 $m+1$，日月同纬）、1957 年（厄尔尼诺年，太阳黑子峰年 M）、1964 年（拉尼娜年，太阳黑子谷年 m，日月同纬）、1969 年（厄尔尼诺年，太阳黑子高值年 $M+1$，月亮赤纬角最大值）、1972 年（厄尔尼诺年）、1977 年（厄尔尼诺年，太阳黑子低值年 $m+1$，月亮赤纬角最小值）、1984 年（拉尼娜年，太阳黑子低值年 $m-2$）。拉马德雷冷位相、拉尼娜、厄尔尼诺、太阳黑子极值、潮汐强度与长江中下游冬季最大连续冰冻天数有很好的相关性。低温冻害年滞后拉马德雷冷位相始发年 8 年左右。

4　预测成功的范例

根据 2004 年 12 月 26 日、2005 年 3 月 29 日和 2007 年 9 月 13 日印尼苏门答腊 8.5 级以上三次强震和海啸，2008 年是太阳黑子谷年 m，2005—2007 年月亮赤纬角达到最大值，潮汐南北振荡最强烈，预测 2008 年全球低温。事实上，2008 年是近 10 年最冷的一年。

我们认为，导致 2009 年 12 月至 2010 年 1 月欧美、中国暴雪和气候变冷的原因有四个。其一，历史记录表明，在“拉马德雷”的“冷位相”时期，厄尔尼诺年和拉尼娜年易发生低温冷害。2000 年“拉马德雷”已经进入“冷位相”，这意味着一个新的变冷时期正在开始。2009 年 6 月厄尔尼诺事件开始形成。其二，2009 年 9 月 30 日南大洋发生了地震海啸。其三，2008—2009 年处于太阳活动低值时期。其四，2009 年 12 月至 2010 年 2 月为强潮汐时期。

5 同法不同事件的成功案例

综合 1890—2004 年的数据，我们在 2006 年得到流感大流行的 6 大气候特征：处于拉马德雷冷位相时期及其边界；前一年或前两年为中等强度以上的拉尼娜年；20 世纪 50—70 年代同时为中国强沙尘暴年；前后一年或当年为中国东北地区冷夏年(20 世纪 50—70 年代同时为严重低温冷害年)；当年为中等强度以上的厄尔尼诺年；当年为太阳黑子谷年 m 或峰年 M，$m-1$ 年，$m+1$ 年或 $M+1$ 年。1889—1890 年、1900 年、1918—1919 年、1957—1958 年、1968—1969 年和 1977 年的禽流感爆发都满足这 6 大条件，同时，1890 年以来，满足这 6 大条件的只有以上 6 次爆发[1,2]。1900 年和 1977 年的流感爆发，因为偏离标准较远，因而也较弱。

2000 年进入拉马德雷冷位相，2007—2008 年发生中等强度以上的拉尼娜事件和强沙尘暴事件，2008—2009 年为太阳黑子低值年，2008 年 1 月中国南方发生 50 年一遇的冰雪冻灾，2009 年 6 月发生中等强度以上的厄尔尼诺事件，满足流感爆发的六大气候特征，2009 年 6 月世卫组织宣布流感预警升到最高级 6 级。

我们在 2006 年预测 2007 年发生拉尼娜事件，2008 年发生厄尔尼诺事件和流感爆发。事实上，由于拉马德雷冷位相增强了 2007 年拉尼娜事件的强度，厄尔尼诺事件和流感事件延后到 2009 年发生，我们也事前在 2008 年做了后延的预测[7]。

参考文献

[1] 杨冬红，杨学祥，刘财. 2004 年 12 月 26 日印尼地震海啸与全球低温. 地球物理学进展，2006，**21**(3)：1023-1027.

[2] 杨冬红，杨学祥. 流感世界大流行的气候特征. 沙漠与绿洲气象，2007，**1**(3)：1-8.

[3] 杨冬红，杨学祥．潮汐和地震对全球气候变化的影响．沙漠与绿洲气象，2007，**1**(4)：5-12.

[4] 郭增建．海洋中和海洋边缘的巨震是调节气候的恒温器之一．西北地震学报，2002，**24**(3)：287.

[5] 杨冬红，杨学祥．全球变暖减速与郭增建的“海震调温假说”. 地球物理学进展，2008，**23**(6)：1813-1818.

[6] Keeling C D, Whorf T P. The 1800-year oceanic tidal cycle: A possible cause of rapid climate change. *PNAS*, 2000, **97**(8): 3814-3819.

[7] 杨冬红，杨学祥．厄尔尼诺事件和拉尼娜事件的成因与预测．沙漠与绿洲气象，2008，**2**(5)：1-10.

[8] 杨学祥，杨冬红．地震、海啸、低温和流感：灾害链的变化趋势. 生命与灾害，2009，(11)：4-7.

[9] 丁一汇. 气候变暖条件下我国南方 2008 年 1 月罕见低温雨雪冰冻灾害的原因//中国科协防灾减灾学术报告特邀报告文集. 2008 年 6 月 24 日. 北京.

关于加强天文时纬观测以配合地震预测的建议函

2010 年 4 月 23—25 日，中国地球物理学会天灾预测委员会在北京举行了全国重大天灾预测研讨会议，“全国灾害预测方法研讨会”接着于 4 月 26 — 28 日在北京召开。会议期间，来自我国天文界的代表介绍了天文时纬残差在地震前出现短期异常波动的现象，这项研究工作目前面临的情况和发展该研究应当注意解决的问题，并对深入开展该研究提出了一些很好的建议。

造成惨重人员伤亡和重大财产损失的大地震不断发生，督促我们必须抓紧地震预报理论与方法的研究。准确的地震预报是减轻地震灾害，特别是减轻人员伤亡的最有效办法。发现和确立有效的地震前兆现象，并及时准确地获取前兆信息，是提高地震预报水平的重要途径之一。由于地质构造和地震的孕育过程极其复杂，地震预报仍然是世界性的科学难题，因此有希望的地震活动规律和预测方法研究的初步成果，都应当受到重视，开展深入研究，期望逐步形成有价值的预测方法。特别是我国是一个多大地震的国家，这方面的研究就更为迫切。

1976 年唐山 7.8 级大地震后我国天文学者发现天文时纬残差在仪器周围的地震前夕出现短期异常波动的现象，经多年研究和为地震提供预测信息的初步试验，表明是一种有希望的地震前兆现象。在这两次会议期间，与会代表进一步了解到绝大多数经典仪器因早已不担任地球自转参数的测定任务而被废弃。同时我们也高兴地得知，中国科学院、国家天文台、云南天文台正在考虑如何发展有关的观测和研究的问题，并在试验新型观测仪器。我国大地震多发，不断遭受重大的人员伤亡和财产损失，地震预测预报的研究就更为迫切。我们特别希望与天文时纬观测和研究有关的工作能尽快开展起来，使时纬残差的研究得以深入下去，以期尽早发展成为有效的地震前兆。

我们也高兴地得知，目前我国天文界还有一架光电等高仪坚持工作于国家天文台的云南天文台，并定期向云南地震分析预报中心提供时纬残差资料。如果这架仪器的观测能够继续下去，并得到一定程度地加强，对地震活动性研究和提供地震预测信息的工作是非常重要的。同时，从我国目前的地震活动情况和有关的研究来看，我国可能已进入新一轮的地震活跃期，西部地区的地震活动性可能相对会更强。因此，云南天文台光电等高仪的观测和资料分析就显得更为重要。我们一方面希望该仪器的有关工作能得到加强，同时也特别希望有关部门加强对这方面工作的支持(包括人员和经费)，在未来的地震预测中发挥作用。

人类面临的许多自然灾害现象都很复杂，研究和预测的难度非常大，这方面的工作不仅有重要的学术意义，更有重要的应用价值和社会效益，关系到人民生命财产的安全，甚至社会的稳定和国家的健康发展。目前的初步研究表明，一些自然灾害与一些天文现象、天文因素有一定的关系，继续开展这方面的交叉研究非常必要。中国地球物理学会天灾预测委员会迫切希望继续得到我国天文界的支持，我们之间的合作不断得到加强，共同为推动灾害研究的发展做出贡献，造福于人类社会。

中国灾害预测方法研讨会全体代表
2010 年 4 月 28 日

关于切实加强我国地震群测群防工作的措施建议

中国地球物理学会天灾预测专业委员会

2009年5月1日起施行修订后的《中华人民共和国防震减灾法》。在防震减灾法中第八条规定:“国家鼓励、引导社会组织和个人开展地震群测群防活动,对地震进行监测和预防。”

我国是多地震的国家。有几亿人口生活在地震重点监视防御区内,人民生命财产安全和经济社会发展面临着地震灾害的严重威胁。

“专群结合”是我国防震减灾工作的重要方针,地震群测群防工作是国家防震减灾工作的重要组成部分,也是中国防震减灾工作的主要历史经验和特色。地震群测群防在地震监视预测、地震灾害预防、地震应急与救援、震后恢复与重建等工作中发挥了重要作用,尤其是在地震短期和临震预报中有不可替代的作用。近年来,我国地震群测群防工作虽在一些地震重点防御区内,新建扩建了一大批群测骨干观测点和宏观测报点,有效地弥补了专业地震监测台网的不足。但仍存在地区间发展不平衡、管理制度不健全、网点建设运行不规范、信息报送不畅通、人员经费缺乏保障等问题,制约了我国地震群测群防工作的开展。

我们必须认真贯彻落实科学发展观,坚持以人为本,切实把人民的生命安全放在首位；坚持专群结合、社会参与、优势互补的原则，健全地震群测群防工作体系，规范地震群测群防工作规程，提高地震群测群防工作效能；进一步完善群测群防管理机制，依靠科技、依靠法制、依靠全社会力量，拓展地震群测群防工作思路，创新工作模式，推动我国防震减灾事业又好又快发展。

为全面提升我国防震减灾能力，依据国家防震减灾法和国务院办公厅有关文件精神，现就切实加强我国地震群测群防工作的措施提出如下建议。

1　建议对《防震减灾法》中的“群测群防”进一步作出司法解释，制订详细的实施细则

群测群防是1966年河北邢台地震后出现、并在1974年国务院[74]69号文件下达后，华北和东北各省、自治区、直辖市普遍建立了地、市、县地震工作机构，统一管理地方地震工作，并在工厂、学校、机关、农村及部队等有条件的地方，建立了一批群测网点，并逐步纳入地方地震工作体系，从而形成了中央地震工作同地方地震工作，专业队伍同群测队伍相结合的，具有中国特色的地震工作机制。仅在辽宁省共建起各类群众观测点13021处，参加测报人员约为27400名。到1976年唐山地震前，群测群防工作的发展达到高潮，并取得了河北省青龙县成功预防的奇迹。可以说，群测群防不是一蹴而就的，一旦遭到削弱，不是一个文件、一个号召就可以立即恢复的，它是广大人民群众长期积蓄的力量的反映。地球这么大，我们国家的国土这么大，再多的科学观测站也不算多。

毛主席评价海城地震预测成功时说：“是偶然，但也反映必然”(苏铁山．毛远新与1975年成功预报辽宁海城7.3级地震．史海钩沉．2008年6月）。由于坚持群测群防的方针，辽宁省地震局不仅预报了1975年海城大地震，而且预报了1999年11月29日岫岩5.4级地震，又预报了2008年11月14日海城4.3级地震。在这次地震后，辽宁省地震局在全省又增加了100个宏观观测点。这种时刻保持警觉的态度，是成功预报海城地震的必然因素。辽宁省的群测群防经验值得总结，并推广到全国。

《防震减灾法》中将具有中国特色的“群测群防”以明确的法律地位，是顺乎民心、合乎民意的重大决策。为了加强群测群防工作，需要进一步作出司法解释，并颁布实施细则。

2　充分利用的行政资源，在地震重点监视防御区内强化群测群防工作

根据强震前的异常发展具有一定的阶段性，将地震预报分为长期(20年～数年)，中期(数年～1年)，短期(数月以内)和临震(几十天～数天)四个阶段，在专业队伍研究阶段性转化指标的基础上，通过群测群防工作逐步缩小预报的地区范围和时间范围。群测群防在判断临震阶段有着特殊效能，能在某种程度上起到进一步缩小预报地区范围和预报时间范围的作用。在总结海城群测群防成功经验的基础上，有选择性地在某些地震多发区建立群测群防示范点，开展不同时期、不同地区地震风险度评价，确定风险承担者的责任、权利和义务，在试点实践中不断完善现有的经验。同时，对防震减灾法中实施群测群防方针，要制订出具体的细则。

3　关于切实加强我国地震群测群防工作的具体措施建议

以现有地震群测群防工作为基础，在国家地震重点监测防御区内，以继续推进“三网一员”(地震宏观异常测报网、地震灾情速报网、防震减灾科普宣传网和防震减灾助理员）建设为重点，实现管理到位、措施到位、人员到位、经费到位，建立横向到边、纵向到底的群测群防工作队伍，构建纵向畅通、横向联合的群测群防工作体系，全面提升我国群测群防工作效能。

（1）对国家、省（自治区、直辖市）和相关市、县（区）地震局长进行群测群防工作的培训。20 世纪 70 年代是中国强地震活跃期，也是群测群防工作最活跃时期。现在的地震局长大部分没有经历过，需要补上群测群防一课。辽宁省群测群防工作可以作为教材。

（2）建立健全地震宏观异常测报网。在国家地震重点监测防御区的县（市、区）建成群测骨干点，配备专业设备，保证每天报送数据；每个乡（镇）和主城区街道办事处至少选择 1 个深水井或水产、畜禽养殖场等作为固定的宏观测报点，明确一名责任心强的社会地震观测员，在地震部门和防震减灾助理员的指导下开展地震宏观异常的监测。发现宏观异常后，及时上报有关部门并积极配合宏观异常的调查核实，做到常年跟踪、上报及时、落实有效。

（3）建立健全地震灾情速报网。在国家地震重点监测防御区内，各乡镇、街道办事处和村应明确一名工作人员作为地震灾情速报员，在震后及时收集和报送宏观震中、人员伤亡、房屋损坏、经济损失、群众心理及社会治安等信息，协助政府做好维持社会秩序等工作。

（4）建立健全防震减灾科普宣传网。在国家地震重点监测防御区内，各县（市、区）政府要依托科技馆、文化馆、地震科普示范学校等场所建立防震减灾科普教育基地，各乡（镇、街道办事处)要以文化站、广播站为依托,设立防震减灾科普宣传网点,构筑地震科普宣传网。各级教育行政部门要督促义务教育学校认真开设安全教育地方课程。通过设立宣传橱窗、墙报,举办科普讲座,组织知识竞赛,播放声像资料,组织地震自救互救演练,散发科普资料和学生课外活动等多种方式,大力宣传防震减灾知识和国家防震减灾法律法规、方针政策,在群众中普及防震减灾知识,提高自救互救能力。

加强农村民居抗震设防知识宣传教育和抗震设防技术指导,引导农村居民建设符合抗震设防要求的房屋。

(5)规范地震群测群防工作程序。在国家地震重点监测防御区内,各级政府要制定和组织实施地震群测群防网络建设方案,建立和完善地震群测群防管理、培训等制度。要规范地震群测群防网点设立程序、信息报送方式、日常管理模式,统一制发群测群防工作手册,明确测报内容,细化工作流程,量化技术指标,统一上报内容格式等。

4 加强群测群防工作的保障措施

(1)进一步加强组织领导。在国家地震重点监测防御区内,各市、县(市、区)政府要进一步提高对群测群防工作重要性的认识,切实加强对防震减灾工作的组织领导;乡(镇)政府、街道办事处要明确一名负责同志分管地震工作,选择一名责任心强的干部兼任防震减灾助理员,具体负责组织、管理和指导地震群测群防工作;村委会、居委会要明确防震减灾工作联络员,落实好地震灾情速报、地震科普宣传、地震应急准备等工作。

(2)推动地震应急工作进社区。在国家地震重点监测防御区内,各级政府要切实推动社区地震应急工作,制定社区地震应急响应方案，明确社区地震应急领导和指挥协调工作机制，建设应急避难场所和疏散通道，组建社区地震应急救援志愿者队伍。指导群众做好地震应急准备工作，掌握地震灾害预防、疏散、自救、互救等基本知识，熟知附近的避难场所和疏散通道，定期开展地震应急演练。临震、震后立即启动社区地震应急预案，迅速组织群众开展避震疏散、自救、互救和抢险工作，迅速向当地政府报告灾情和紧急救助情况，协助发放救援物品，协助维护社区生活秩序，防止次生衍生灾害的发生。

(3)大力推进资源共享。防震减灾是全社会的共同责任，各行业、各部门和社会力量要大力支持地震群测群防工作的开展。要有效依托和整合各方面资源，充分发挥环境保护、水文地质、畜牧养殖、渔业水产等部门的现有资源和行业优势，搞好地震群测网点建设、数据收集等工作，努力降低管理成本、提高观测效益。

(4)切实保障工作经费。要建立稳定的地震群测群防工作经费渠道，将地震群测群防工作经费纳入各级财政年度预算，并根据经济社会发展逐步增加经费投入。要根据国家有关规定，制定社会地震观测员的补助标准，保证群众观测点队伍的基本稳定。

(5)充分利用现代化网络和手机信息，建立中国平安信息网。对地震各种宏观异常信息和地球表面出现的自然灾异现象，通过中国平安信息网随时搜集。凡在事先提供重大地震宏观前兆异常者，事后应予以重奖。

2009 年 10 月 10 日

关于切实提高国家防震减灾能力的建议

高建国　郭增建　汪成民　耿庆国　徐道一

2009年5月12日，在纪念四川汶川特大地震一周年活动时胡锦涛总书记发表重要讲话，他指出，要坚持兴利除害结合、防灾减灾并重、治标治本兼顾、政府社会协同，全面提高我国应对自然灾害的综合防范与抵御能力。同年5月17日，联合国发布了第一份确认灾害风险要素的全球报告。联合国秘书长潘基文在报告的发布仪式上说："尽管我们无法阻止自然现象如地震和热带风暴的发生，但我们可以尽量限制它们所造成的负面影响。先发制人的减灾措施正是其关键。灾害事件发生后的反应机制无论多么有效，都永远是不够的。"

我国是地震多发区，地震发生对国民经济、社会发展造成了巨大损失。汶川地震发生后，我国地震死亡人数在1900—2008年期间占世界地震死亡人数的比例上升到33.2%，我国人口总数占世界人口总数的20.1%（国家统计局2008年11月3日公布），地震死亡人数比例超出了人口相对比例的13.1%。提升我国地震预报能力，尽可能减少地震带来的人员伤亡及财产损失，既是科学发展的需要，也是维护社会和谐稳定的需要。

汶川地震发生后，我国发生重大地震的可能性继续存在。据2009年4月26日中国地球物理学会天灾预测专业委员会研究，认为除上述地区外，包括首都圈在内的华北北部地区也存在着发生 6.5 级左右地震的可能性。至今，华北北部、东北南部地区的旱情仍在持续发展，根据旱震研究成果，决不能忽视破坏性地震的孕育(表 1)。早着手，早行动，才能最大限度降低地震灾害的风险。

2009 年 10 月 17—22 日，中国国家减灾委员会专家委员会副主任、全国人大常委郑功成一行 8 人(本文第一作者也参与其中)到甘肃省地震灾区调查防灾减灾专项执行情况，考察了康县、陇南市武都区和文县 9 个重建点，听取了陇南市、武都区、康县和文县的恢复重建和防灾减灾专项执行情况汇报。通过调查、听取汇报和交流，深感党和政府对灾区人民的巨大关怀，全国人民对灾区的极大支援，灾区人民饱满的恢复重建热情。据甘肃省民政厅汇报，截至 10 月 16 日，省政府确认的 30.28 万重建户已全部开工，其中竣工 28.0118 万户，占重建总户数的 92.5%；40.4 万维修户已全部完成维修任务。目前，除陇南、甘南重建工作处于收尾阶段外，其他受灾市州均已提前完成重建维修任务，按目前进度预算陇南、甘南重建维修任务可于 10 月底全面完成(甘肃省民政厅，关于我省汶川地震灾后恢复重建及防灾减灾专项规划实施情况的汇报，2009 年 10 月 18 日)，在 2009 年年底前能保证灾民全部入住重建房屋。

为扩大地震预报科学的理论研究范畴，快速提升我国地震预报能力，为达到有效减轻地震灾害的目的，我们起草了这份“关于切实提高国家防震减灾能力的建议”，以响应和具体落实胡主席指示，全面提高我国对地震灾害的综合防范和抵御能力，以减少重大地震发生后带来的巨大损失。

表 1　西南地震与华北地震的呼应关系及旱震链预测情况

西南干旱	西南地震	预测与否	华北干旱	华北东北地震	预测与否
1972 年	1973 年 2 月 6 日四川炉霍 7.6 级地震	预测	1972 年	1975 年 2 月 4 日辽宁海城 7.3 级地震	预测
	1974 年 5 月 11 日云南昭通 7.1 级地震	预测		1976 年 7 月 28 日河北唐山 7.8 级地震	预测
2002 年 2006 年持续	2008 年 5 月 12 日四川汶川 8.0 级地震	预测*	2006 年 2009 年持续	?	
	2008 年 8 月 30 日四川攀枝花—云南会理 6.1 级地震				
	2009 年 7 月 9 日云南姚安 6.0 级地震				

注：* 2008 年 1 月 7—8 日中国地震预测咨询委员会向全国地震趋势会商会呈交的预测意见“2008 年在 30°纬带西延的康定可能发生 6～7 级地震”；2008 年 4 月 30 日中国地球物理学会天灾预测专业委员会向中国地震局等部门呈交的预测意见“未来 1 年内即 2008 年 5 月至 2009 年 4 月，仍注意兰州以南至川甘青交界地区可能发生 6～7 级地震”。

? 表示未发生。

(一)地震预测、预报方法研究的落后局面急需改变

地震预报是全世界公认的科学难题。科学家们经过百年的探索研究,摸索出数百种预测地震的方法与技术,但在实践应用中效果都不理想。

目前地震学界普遍应用于地震预测的常规方法与技术,大体可归纳为:(1)地质构造分析;(2)历史地震统计;(3)理论、模拟计算;(4)地震前兆监测共四类。在实际运用过程中,能较明确指出地震发生的具体时间段、空间范围、强度大小的主要依靠地震前兆的监测。

地震前兆泛指地震发生以前的各种自然现象。地震的孕育、发生不可能是孤立的,它是地壳非常复杂的运动中的特定事件。认识这一过程,就可以选择与这个事件发生前联系最紧密、最具特征性、可测性的现象作为前兆性标志。但遗憾的是,这个过程本身与其相伴的自然现象至今还不为人们完全认识。我们只能根据记录、经验选取某些可视为前兆的现象,从实践中检验它们与地震的关系。我国几十年地震预测研究主要是按这条道路走过来的。

20 世纪 80 年代中国地震界主要开展了对测震学前兆、地壳形变前兆、地磁场前兆、地电场前兆、地应力前兆、地下流体前兆及其他现象(地声、地光、地热、动物行为异常等)进行了研究。

经过几十年的实践,20 世纪 90 年代,中国地震局对上述各种预测技术与方法的能力进行过全面评估。组织了全国地震预测专家对 1300 份疑似地震前兆观测资料进行剖析,归纳

出13种技术手段、75种分析方法。评估结果显示，上述方法预测的成功率统计，平均仅15%，对应率不高(表2)。地震活动性中，地震空区最差，条带最好；形变、电磁、流体类中，形变等最差，水化(氡)最好。

表2 1990年、1994年度我国按实用化成果提取的异常与地震预测对应率

地震活动性		形变、电磁、流体	
地震能量	$\frac{5}{27}=19\%$	形变	$\frac{5}{40}=13\%$
条带	$\frac{5}{14}=36\%$	水化（氡）	$\frac{6}{35}=17\%$
空区	$\frac{1}{13}=8\%$	水位	$\frac{5}{40}=13\%$
频度	$\frac{3}{20}=15\%$	地电	$\frac{3}{24}=13\%$
大小地震比例	$\frac{2}{15}=13\%$	地磁	$\frac{5}{29}=17\%$
响应比	$\frac{2}{19}=10\%$	重力	$\frac{4}{29}=14\%$
		应力	$\frac{3}{22}=14\%$
$\frac{18}{108}=17\%$		$\frac{31}{219}=14\%$	
$\frac{49}{327}=15\%$			

造成这种局面的主要原因，初步分析有以下几方面。

(1)难以区分地震孕震过程本身造成的异常变化(即所谓地震前兆)与其他原因引起的变化(即所谓干扰因素)。上述各种手段的观测值，是受到各种系统因素与偶然因素影响而不断变化的值，如何正确区分地震信息与非地震信息，这是一个亟待解决的难题。到目前为止，还没记录到确切的发自震源的信息。

(2)由于观测到的异常变化，大多反映来自观测台站附近的区域应力场的变化信息，据此难以将异常变化特征与地震三要素(地震发生的时间、地点和强度)大小准确挂钩。即便已确定为地震前兆,发现有时异常变化最大的地区并非震中所在地区,异常变化最大的时段并非地震发生时间,异常变化的强弱与地震强度的大小也不匹配。在此情况下,利用它预测地震发生时间、地点、强度时有失误。

(3)地震的孕育、发生是一个极其复杂的巨系统。我们对某种物理量、化学量的单项指标观察即便确实抓住了与地震前兆有关的某些变化,恐也是仅抓到些局部和枝节,尚难形成一个完整、全面的概念。

总之,到目前为止,尽管有些前兆对应了一些地震,但还没找到明确无误的必震信息,没有记录到来自震源的确切前兆。对地震孕育、发生的认识还是零星局部的。

(二)我国地震预报、预测能力有较大的提升空间

1 我国传统的地震预测、预报方法在实践应用中取得了一定突破

多年来,我国地震界部分专家在中国传统文化的影响下,通过地震预测、预报实践,从中国传统的整体思维入手,综合研究多种震兆信息的相互关系,自主创新、独辟蹊径,在地震预报科学中摸索出了一条可行之路。

通过全方位、多层次角度地将许多前兆信息进行综合分析,将单项的指标性预测发展成综合的过程性预测和追踪预测。例如开展了旱震关系研究、天地耦合、多因子调制,将地壳不同深度的区域物理场、化学场、热力场统一分析,取得了较理想结果。为进一步检验上述几种方法在实际应用中的科学性,1992 年在钱学森院士关怀、支持下,一项旨在从大量我

国的地震预测实践中筛选、提炼有效方法与技术的课题被国家“863”项目批准获得资助。这个课题的名称是“地震预测智能决策系统”。该课题从我国捕捉到的大量地震前兆信息中筛选出十几种确有预测能力的技术与方法，每种方法作为预测地震的一把钥匙，将其综合分析总称 KCEP——中国地震预测之键，利用此课题研究成果进行了长达 10 年的中间运行检验工作，取得了较理想的结果。检验证明这些方法的预测正确率大大超过传统的方法，可达 30%以上(表 3)。

表 3　国家“863”项目“地震预测智能决策系统”课题 3 期成果应用效果对比表

期间	发生较大地震数	取得较成功预测数	成功率
1996—1998 年	13 次	4 次	30%
1999—2001 年	11 次	6 次	54%
2002—2003 年	12 次	8 次	66%

此外，通过近几年来对预测技术与方法的自主创新研究，有可能首次取得来自于震源体向外传播的前兆信息，如 HRT 波的研究、热红外扫描、地壳放气现象研究等。

因此，只要重视我国自己的经验，大力提倡非传统、自主创新的地震预测新方法、新技术的应用，采取正确的科学技术方针与路线，我国地震预测能力完全有可能在较短期内得到迅速提高。

2　在降低地震风险的责权机制方面我国已具成功经验

地震灾害风险巨大。如何减轻这种风险？不同学派存在着不同的观点，但地震预测虽是世界性难题，确并非无法预测。我国海城地震的成功预报就是一个成功的案例。自我国邢台地震以来，我国的地震科学家从中国地震灾害严重、频繁这一实际情况出发，从地震预测实践出发，深入地震现场，边预测、边研究、边预报，一步步加深对地震孕育过程的认识，不断改进预测方法，由内紧外松的内部预测到向外打招呼，最后走向发布预报。

在 2004 年两院院士大会上，胡锦涛总书记郑重提出："要把自然科学、人文科学、社会科学等方方面面的知识、方法、手段综合运用起来，不断认识和把握自然、社会发展的客观规律"。

我国在近 40 多年来对 80 次中强地震作出过中期或短临预测。尤以 1975 年海城长、中、短、临齐备的地震预测、预报最为宝贵，其经验是：巨大的地震风险，政府承担一部分，专家承担一部分，群众承担一部分，使风险大为降低。如果将风险比喻一只鼎，政府、专家、群众是鼎的三只脚，三者结合好了，鼎放得稳稳当当的。与海城地震发生时间只隔一年的唐山地震，群测群防工作也做得也好，但由于政府、专家、群众有效结合的地震预报工作机制缺失，灾害没有提早防范。同样，2008 年汶川地震存在类似情况。两次地震都缺少了脚，鼎就翻了。

海城地震成功预报，取决于国务院国发[74]69 号"批转中国科学院关于华北及渤海地区地震形势的报告"，要求立足于有震，提高警惕，防备 6 级以上地震的突然袭击；取决于辽宁省委贯彻上述指示，责令渤海北部要立足有震、大震、早震、夜震，还指示提出广泛发动群众，"瞪大眼睛抓地老虎"。也取决于专业地震工作者兢兢业业地研究，作出较好的中期和短期预测。准确的临震预测，加之正确落实"群防群测"的方针，起了至关重要的减灾作用。密布在辽南的群测群防网点收集到了大量的地震前兆现象，如蛇、鼠、鸡、青蛙等动物异常，以及地气雾味、地下水异常等，并且及时汇总到了地震专家面前，才使得当时的辽宁省地震办公室、地市地震办公室和国家地震局能够作出大地震就在眼前的判断，敢于发出临震预报，挽救了无数人的生命。

据当事人回忆：暮色苍茫的辽南大地上，四处回响着"当当"的钟声，电影院贴出"按上级通知近期可能发生地震，电影改在露天广场放映"的通知，有线广播一遍遍发出严厉的警告，阻止快要冻僵的人返回自己的小屋。当时针指向19时36分时，大地突然剧烈抖动时，四面八方一片尖声呼喊，人们庆幸还存活着。

地震风险由政府、专家和群众共同承担。承担风险意味着义务、责任和奉献。

(三)地震灾区恢复重建工作急需要科学技术支撑

灾区政府的汇报中最关心的资金到位不足问题，但甘肃省民政厅救灾处李剑处长说，灾区恢复重建与其说资金不足，不如说科学技术不足。

灾区恢复重建中科学技术不足包括了两个主要方面。

一是，地震把灾区人民从山上"震"下山来了，把农田"震"到山上了。

由于陇南山区山大沟深，土质瘠薄，由于平整土地很少，群众居住分散，是传统山区农业县。这里是1879年7月1日甘肃武都南8级地震(震中烈度Ⅺ度)所在地，也是四川汶川8级地震的波及地，地震烈度Ⅸ度。两个地震震害叠加在一起，导致地质灾害隐患点达万余处。其损失之惨重，救灾之困难，重建之艰巨，为历史罕见(中共康县委员会、康县人民政府，康县防灾减灾和灾后恢复重建工作情况汇报,2009 年 10 月 19 日)。

陇南市 551 个行政村、58662 户房屋损坏严重,涉及 246586 人,成为地震灾害重点村,需整村重建。其中,需要易地重建的村 200 个、18849 户,就地重建的村 351 个、38655 户(中共陇南市委、陇南市人民政府,陇南市地震灾后重建的防灾减灾规划实施情况汇报提纲,2009 年 10 月 19 日)。

灾区对农村居民建房分整村就地重建、整村搬迁重建、零散重建、维修改造、区外移民搬迁五种类型编制规划。对倒塌和危房面积 50%以上的村,凡原居住区适宜重建的,一律实行就地重建;凡是在地震中发生滑坡等地质灾害和存在安全隐患,原居住区不适宜重建的,实行整村搬迁重建;对零散倒塌和严重危房的村,能在就近或原址重建的,进行零散重建;对因震灾破损但房屋主体结构完好的,实行维修改造;对灾后重建无处选址,群众愿意移民的村、组和个人进行区外移民搬迁(中共陇南市武都区委、陇南市武都区人民政府,陇南市武都区灾后重建工作情况汇报,2009 年 10 月 19 日)。

以下,列举我们调查的 2 个村的情况。一是文县临江乡蒋冯村,一是文县尖山乡老爷庙村。在政府和部队的支持下,成功实施了整村搬迁,二村合一。都从山上搬迁到山下较为平整的土地上,老爷庙新村置换土地原来是水稻地(中共文县委员会,文县人民政府,文县工作汇报,2009 年 10 月)。但其原来的土地却仍在山上。两个新定居点都在白龙江畔,据调查,没有一个村民的产业与水有关的,都坚持祖辈传下来的农业和林果业。

二是,“灾中灾”、“灾后灾”、“灾灾相连”,把灾区人民逼上困境。

站在蒋冯村村口的两位妇女告诉我们，她们原来的家在山上，地震后搬下山

康县是5.12地震重灾县，全县21个乡镇、350个村、20.2万人全部受灾，死亡29人，受伤897人（其中重伤236人），农村房屋倒塌25084户，严重受损15203户，灾害致使县乡公路多处塌方裂缝，造成直接经济损失48.3亿元。灾后不久，县乡公路均利用中央和捐赠资金得到了修复，在恢复重建工作发货中起重大作用。但没有想到，2009年7月17日特大暴雨的袭击下，倒塌房屋4000间，损坏43000间，死亡3人（全市8人），直接经济损失17亿元（全市27亿元）。暴洪灾后对路基路面损坏严重，抢修难度大，重建建材物资运输道路不畅，严重影响了灾后重建进度。康县县委副书记、县长王钧在汇报时说：7.17暴洪灾害甚于5.12地震灾害。

站在蒋冯村远看过去生长着树的山头是原蒋家山、冯家山村所在地。农民的土地和牛都在山上，种植玉米和果树，上一次山需要 3 h

文县尖山乡老爷庙村宋家坝社、寺坪社为全县第一批灾后重建重点村，按照“三打破”(即打破村界社界、打破分户地界、打破原有布局)的原则成功置换 39.6 亩水稻地规划居民住宅

原处半山腰上的村落整体看来较为完整，但老爷庙村干部说，该村即宋家坝社原址，已经不能居住了，没有人了，都搬到宋家坝社新址了

公路的路基都挖开了

车辆很难通过的地方

我们问王钧县长，5.12地震的交通重建专项中有没有泥石流子项，王县长说，有交通重建专项，也有地质灾害专项，没有合在一起考虑。由于县上、市上的专业人员水平有限，许多沟壑还没有治理。我们问今年公路修复了，明年再来一场暴

洪灾害怎么办?

(四)科技政策建议

1 扩大地震科学研究的范畴,建立地震预测、预报的方法群

以汶川等大地震预测实践为试金石,筛选出有效的预测、预报方法,调整我国地震预测思路,扩大地震科学研究的领域,重视地震预测的方法群建设。采取开放性措施,形成一支有各相关学科、专业的队伍,促进各种地震预测方法的探索,鼓励各种监测方法和监测队伍蓬勃发展。进一步重视在地震预测实践中去认识地震孕育的全过程;鼓励、动员群众和各方力量积极参与地震预测;抢救有地震预测、预报实践经验的老专家的科学方法;收集民间已有的地震预测方法、技术和装备,进行再研究、再应用;加强地震前兆的观测和研究,加强历史资料和传统文化成果的研究,注重我国传统预测方法与现代技术手段相结合,有效扩大学科方法论范畴,建立自主创新的地震预测理论体系;鼓励能密切联系地震三要素预测的理论研究。恢复、强化多兵种联合作战的正确方针,地震前兆信息不能由中国地震局一家独揽,地震预测研究也不能由中国地震局包办,应动员可能涉及地震前兆信息的方方面面,如:地质、海洋、气象、石油、航空航天等有关部门的多方面专家组织联合攻关,建立多渠道的地震信息捕捉网络,全方位的地震信息研究体系,才能避免一旦某一渠道不通畅、某一技术无效果时,酿成如同汶川地震的悲剧。

在提倡多兵种联合作战时,尤其要强调群策群力,调动各方面的积极因素。地震预测当前仍处于经验预测阶段,而具有最丰富强震成功预测实践经验的专家,大都已退休。为了

抢救这些老专家弥足珍贵的经验，国家应采取特殊政策，重用确有预测地震特殊技能、特殊经验的人才，不受年龄限制，亲任课题负责人，以便更好地传、帮、带，继承与发扬这些有用的技术与经验，解决当前我国地震预测高水平专家人才严重匮乏的尴尬局面。

在多渠道、多兵种联合作战时，最后综合分析和归纳地震三要素意见，也是非常重要的。因此建议：在中国地震局和省市地震局要培养一批通晓国内外预测方法和预测效能的精干的分析团组，为各级政府提供较全面的参谋意见。

2 重新恢复"863""地震短临预测智能决策系统"课题

按照 1992—2003 年"863"项目"地震短临预测智能决策系统"课题的基本思路：一重视前兆信息研究，二重视我国自己的预测经验，三重视非传统的、自主创新的技术与方法。经过大量的调查研究，从数百种方法中根据预测实效的优劣筛选出十几种最有效方法，称为"中国地震预测之钥匙——KCEP"取得了高于常规方法一倍以上的成功率，得到了科技部、中国地震局的肯定与表扬。

建议重新恢复"地震短临预测智能决策系统"课题，仍按照 1992—2003 年"863"项目所制定的科学技术路线，再补充若干 2000 年以来新的预测地震技术与方法，将非常规、自主创新、确有实效的预测方法与技术，以汶川等大地震预测实践为试金石，进一步筛选出某些较好的预测技术与方法补充进来。按照钱学森应该大成智慧学的原理，从原来十几把钥匙，扩大为 20 把钥匙，加以综合分析。充分应用、进步完善原 863 课题的成功经验，并将它应用于当前地震监测预测。这将为我国地震预测能力的提高提供一条多快好省的路子(表 4)。

表 4　以汶川等大地震预测实践为试金石的地震预测方法

(1)中长期预测方法

名称	基本原理	实践时间	成功率	震例	备注
地震有序性	根据翁文波信息有序性理论	20 年	33%以上	西藏、昆仑山、蒙俄中交界等地震	可提供总体形势分析,但不够具体
地震继承性	用整体观思想把大震发生视为前后因果的链式反应	30 年	33%以上	海城、唐山、丽江、汶川等地震	可提供大震转移地点,但时间较粗
旱震预测	利用大旱与地震的关系预测地震三要素	37 年	50%以上	海城、唐山、丽江、玛尼、昆仑山、汶川等大震	对大震发生有一定的成功率,但地区较大、时间较长
可公度性	利用信息流技术	30 年	50%以上	美国加州等大震	
地震三性法	用整体观思想提出大震发生时间,周期性、倍周期性与黄金分割性	20 年	33%以上	澜沧、昆仑山、汶川等地震	可大体提供地震发生时间、地点,但较粗
长波辐射预测法	利用卫星遥感信息分析长波辐射场的变化来预测地震	15 年以上	33%以上	澜沧、昆仑山、汶川等地震	能较好地预测地点、时间,但有虚报、漏报
地磁信息预测	根据地磁信息相空间的结构转换与地震的关系研究	10 年	33%以上	昆仑山、印尼等地震	能较好地预测地点、时间,但有虚报、漏报
地磁日变异常	根据地磁、磁暴形态变化异常与地震的关系研究	25 年	33%以上	唐山、亚运会、汶川等地震	对预测地点与时间较好,但有虚报和漏报
磁暴二倍法	根据多次磁暴与月相的相隔时间计算	30 年	33%以上	松潘、龙陵、台湾、印尼等地震	预报时间效果较好,预报地点效果较差
地应力预测法	根据地应力矢量交汇法预测地震	30 年	33%以上	唐山、松潘、汶川等地震	能大体预测大震地点,但较粗

续表

(2)短临预测方法

名称	基本原理	实践时间	成功率	震例	备注
HRT 波	大震前潮汐力的周期振幅明显增大	10 年	50%以上	汶川等大震	震前长则一两个月，短则三五天，就可交汇到未来震中区
断层带内外热红外辐射场	利用热红外信息分析断层活动的物理根据	20 年	50%以上	汶川等大震	震前几天卫星热红外异常预测
地球放气	地球内部通过岩石圈扩散大量气体	30 年	50%以上	汶川等大震	大震前二氧化碳、一氧化碳、甲烷等气体都有几十倍的增长
气象前兆五项指标	震前震区气象指标的激烈变化	30 年	50%以上	汶川等大震	气象指标达到几十年的极值

汶川大震发生后，中央领导要求把当年周恩来时代成功预测过多次地震的专家组织起来，预测汶川地震强余震，结果我们以中国地震预测咨询委员和地球物理学会天灾预测专业委员会的名义，向中国地震局、同时通过新华社内参、人民日报内参，向党中央、国务院正式发布了三次强余震预测，先后报准了 2008 年 5 月 18 日江油 6.0 级、5 月 25 日青川 6.4 级、8 月 1 日北川 6.1 级三次强余震，取得了无一错报的理想结果。这是 863“地震短临预测智能决策系统”课题最近一次检验(见人民日报情况汇编(特刊)2008 年第 57 期;汪成民．中国工程科学 2009 年第 2 期)。

3 在 2010 年“973”计划项目中列上地震灾害链研究

我国自然灾害异常严重，巨灾和灾害链对人民生命财产危害十分重大。巨灾，是指大旱、大震、大洪和强台风、大雪等严重自然灾害。灾害链，是指一次重大灾害发生后，继发另一次重大灾害，并呈现链式有序结构的大灾传承效应。

巨灾预测和城市群防灾当属世界科学难题。以往，国内外学界多从单种灾害入手，而对“链”研究甚少。对大灾复杂多变的链式结构，仅用单一学科研究很难取得理想效果。世界各地连遭重大灾害袭击，往往缺少准确预测和有效对策，损失惨重，其根本原因在于此。

实际上，突发性巨灾常常具有非常规的致灾机理。重大灾害往往相互关联、互为影响，抓住它们之间的相互关系，用中国整体思维去研究，有些过去不能预测的灾害，就可能预测成功。

重大灾害链是突变现象，灾害链研究不同类型灾变演化的过程，体现了大自然的隐秩序，即自组织性、协同性，反映自然界的复杂性、整体统一性。这是21世纪科学的前沿课题。人们很重视海气相互作用，但对于地气相互作用（岩石圈—大气圈相互作用）认识很少，灾害链研究正是揭开自然界这一重大现象的钥匙。

旱震链、震洪链都曾经对汶川大地震作出较接近的中期预测，这是跨学科的创新研究，在大震预测中起到重要作用。建议把灾害链列入“973”项目指南，开展立项研究。并把地震宏观异常信息研究作为灾害链研究的重要环节。

同时，建议建立国家地震观测资料、气象观测资料共享平台，切实做到资料共享，必将有利于在我国重点强震危险区，实现临震预测、预警和应急预防。

4 设立专题加速引进，研制应急救援的全天候爬行器

灾害的预测预防是项科学难题，而灾后的应急救援是立

竿见影、可操作的课题。根据汶川等灾害的教训，抢险救灾的成败关键在于速度，遭灾后救援的效率随时间呈指数衰减，地震救援的黄金时段为 72 h，其实最关键的是前 24 h。若错过这一时段，无论采取什么措施，对灾民的救援效果极低。这次汶川地震尽管全国竭尽全力救援，但效果仍不理想。主要原因是，救援人员与救援设备因道路受阻，无法第一时间到达现场。

回顾近年大的灾害，无论地震、海啸、洪水、泥石流、冰冻等灾害，首先灾区的交通联络均遭严重破坏，因此，如何使救援能在第一时间到达所需地点，是应急救援的关键所在、瓶颈问题。

汶川大震后俄罗斯救援队在震区外围焦急地等了 5 天无法进入灾区实施救援，他们痛心疾首地对记者说："假若'维捷斯'在，我们可以当天到达极震区"。俄文的"维捷斯"是希腊神话中的大力士，翻译不懂，误译成"假如上帝在，我们可以当天到达极震区"。实际上"维捷斯"是俄罗斯为了运载导弹专门研制的一种无需道路、能在任何地形、地貌条件下、任何恶劣自然环境、气候条件下水陆两用的爬行器。能爬坡度达 40°，能跃沟达 4 m，能跃坎达 2 m，并能采用前后起伏、左右扭动、蛇行翻滚等行进方式，是我军事部门注视多年、试图引进的项目(见《俄罗斯武器大全 2004》230 页)。

汶川地震发生后，通过与该车的总设计师联系，经中、俄双方的有关单位不懈努力，最后遵照普金总理要大力支援中国防震减灾的指示，经过有关部门的层层审批，在不到 1 年时间内，我们最终将此类车辆引进了载重为 30 t、5 t 样机各一台，并于 2009 年 8 月 15—20 日在黑龙江哈尔滨市，进行抢险救灾的演习，取得了理想效果。参观演习者一致认为，此车可广泛应用于各种抢险救灾任务，如：地震、洪水、泥石流、海啸、消防救火以及石油管道铺设、南极、北极科学考察等方面。但购买俄罗斯车辆毕竟数量有限，价格昂贵。必须设立课题，组织我国有关专家，攻克技术难关，尽快使这种车辆国产化。

此车基本采用大型坦克的通用发动机与特殊履带，主要的部件我国都能生产，有的性能优于俄罗斯，但惟独此车的铰接与控制技术，独特的四履带全驱，车体密封技术、全新型的行走机构，是它的技术难点与特点。目前上述几项技术俄罗斯处于世界领先地位，比能生产类似车辆的美国、加拿大、瑞典等技术更为先进、行进能力更强。

建议在科技部设立专项，加速引进、研制这种全天候的爬行器。根据对这两台样机的剖析，组织集体攻关，我国完全有可能在最短的时间内，将这一种应急救灾的利器迅速国产化。这将在应急救灾等方面有广阔的应用前景。

5 加强灾区恢复重建的科技支持力度

汶川地震发生后的紧急救援阶段，科技部颁布《关于印发〈农村地区抗震救灾应急技术及实用产品(第一批)〉的通知》(5月14日)、《关于印发〈农村地区抗震救灾应急技术及实用产品(第二批)〉的通知》(5月16日)、《关于印发〈农村地区抗震救灾应急技术手册(第三批)〉的通知》(5月19日)，对抗震减灾起到了很好的作用。在漫长的恢复重建阶段，科学技术部应当发挥出更多作用。根据调查，科学技术可以在灾区以下恢复重建方面发挥作用。

(1)灾区产业结构调整方面，在农业区划、作物结构调整和布局发挥作用。

灾区恢复重建中，山区土地损失严重。灾民们从山上搬到山下集中居住。山区土壤瘠薄，作物结构发生变化，如何种植，需要专家指导。

(2)在重建专项规划的衔接上，需要专家指导。

灾区次生灾害严重，一旦遇上暴雨，容易诱发滑坡、泥石流，需要专家指导如何规划，指导农民在容易发生泥石流山谷修建谷坊，减少地质灾害的危害。

(3)目前灾区的防灾减灾规划尚处于论证和准备论证阶段，离落实实施尚有较大差距。也是需要专家指导。

根据灾区领导的介绍，灾区的高水准的科技专家太少，其他地方的专家也很少去。如果能在灾区呆上几个月，肯定能使灾区恢复重建工作少走弯路。

2009年10月31日(第五次修改)

关于重新召开“重大自然灾害预测及防御研讨会”的请示

中国地球物理学会天灾预测专业委员会

从1989年开始，中国科协每年年初主持召开重大自然灾害预测及防御研讨会，十多个全国性学会积极组织专家投入，纷纷提出了预测预报及防御意见。这是中国科协的一个品牌项目。2006年以后，中国科协作出了调整部署，不再举办这个研讨会。

2008年年初的雨雪冰冻灾害和5.12汶川特大地震，严重威胁着国家经济发展和人民生命安全，科学家们纷纷提出减灾意见，得到了国家有关部门的肯定和重视。中国科协及时颁布了《关于报送在抗灾救灾和灾后重建中涌现出的优秀科技工作者及其先进事迹的通知》、《中国科协减灾救灾工作方案》、《关于动员和组织科技工作者积极参与灾后重建工作的通知》、《关于举办08′南方低温雨雪冰冻灾害论坛的通知》等有关雨雪冰冻灾害的通知和《关于做好抗震救灾工作的紧急通知》、《关于召开全国学会抗震救灾、重建家园动员会议通知》、《关于做好抗震救灾和灾后重建工作的通知》、《关于参加中国科协防灾减灾学术报告会的通知》、《关于推荐中国科协抗震救灾先进集体和先进个人的通知》、《关于转发〈民政部关于开展四川汶川大地震救灾期间社会组织接收捐赠情况统计工作的函〉的通知》等有关汶川地震的通知，引领中国科学家集群为党和国家献言献策，取得了十分良好的社会效益。

近年来，各种减灾学术活动开展得十分活跃，中国科协、全国性学会和地方科协都作了大量的工作。地方科协尤为活跃。

1 中国科协

中国科协防灾减灾学术报告会及主办 2008 年首次沙龙——第 16 期新观点新学说学术沙龙“灾害链成灾机理、预测方法和防治对策”和第 22 届新观点新学说学术沙龙“地震和暴雨洪水的震洪链机理和对策研究”，中国科协《科技导报》第一期学术沙龙“汶川震区生态影响评价及灾后生态重建与修复”。2009 年第十一届中国科协年会第 15 分会场“基于全寿命周期的工程质量、安全、风险控制学术交流会”等。

2 全国性学会

中国气象学会 2006 年年会“山洪灾害监测、预报和评估”分会场；中国地球物理学会 2009 年第二十五届学术年会第 16 分会“中国巨灾综合预测和环境变异”等。

3 地方科协

江苏省科协承办的“2005 中国(南京)第二届城市与工业安全国际会议”，主题是：城市与重大工业事故灾害预测、预警、预防与应急救援；辽宁省科学技术协会举办 2009 年辽宁农业灾害预测及减灾对策科技论坛(科协简报 2009 第五期)，2006－2009 年沈阳市科协每年举办“沈阳市自然灾害预测及减灾对策高层论坛”，大连市科协组织开展了“大连农业灾害预测及减灾对策科技服务行动”（据中国科协网），2007 年本溪市科协举办农业自然灾害预测及减灾对策科学论坛，盘锦市科协主办的“2008 年盘锦农业自然灾害预测及减灾对策”科技论坛，辽阳市科协召开 2008 年农业灾害预测及减灾对策科技论坛，并编印了《2008 年减轻农业灾害白皮书》等。

基于中国科协是科学家之家，科学家们通过中国科协反映防灾减灾工作意见是一个非常重要的渠道。由此，特建言，可否在明年恢复召开重大自然灾害预测及防御研讨会。并就研讨会的召开提出两条建议：

（1）过去召开重大自然灾害预测及防御研讨会都是在每年 1 月，由于此时大部分情况尚未显现，可否延到 2—3 月召开。

（2）研讨会突出重点，邀请与重大自然灾害预测及防御研讨会的主题关系密切的全国性学会参加。

以上建议是否恰当，请指示。

2009 年 12 月 4 日

后 记

会议召开期间，邀请瀚林速记的速记员董兴博录下代表们的学术报告和讨论的内容，共计近10万字。如何处理这些文字？一个办法是留在大家的电脑里（均已发给会议代表），一个办法是出版，让读者作参考。经过民主评审，会议代表中有8位同意出版，3位提出异议，赞成者占73%，所以最后决定出版。

在异议者中，一位没有写理由，一位指出“已经出书了，不用再出版记录发言了”，第三位认为“一则内容泛泛，二则有些问题争议较大”。

同意出版的理由是：

第一，在会议上报告者，并不都是《灾害预测方法集成》的作者；

第二，《灾害预测方法集成》的有些作者报告内容与论文并不一样，而且，即便一样，报告是口语化的，更容易看得懂；

第三，讨论内容是对《灾害预测方法集成》某些论文的赞同、意见和补充；还涉及更广泛的内容。

所以，将这本书定名为《灾害预测方法研讨会实录》。实录的含义是：(1)按照真实情况记载的文字；(2)把实况记录或录制下来；(3)编年体史书的一种（百度百科）。

其价值为“实录所记载的内容，……它具有档案性史料的作用。尤其在原始档案史料已经不存在或所存不全的情况下，其重要的史料价值是无可替代的（百度百科）。”

由于报告人的口音、专业及使用特殊名词等，速记者难免会出现笔误，好在大部分笔录已请本人校核（均在文后标出）；再在6月23日集中一批在京代表审核，集中大家的智慧为保证书稿的质量，改出文字上的错误。直到交稿前，一直都在修改错字、错句。封三刊登了郭增建研究员对速记稿的修改。虽如此，也不能保证发言者每句话都经过主编者考证，所以还是遵循“文责自负”的原则。再经气象出版社责任编辑王萃萃的审校，以达到出版的要求。

许绍燮院士专门发来了论文《汶川震例是否印证了地震不可预测？答：否》，《灾害预测方法集成》漏刊杨冬红博士和杨学祥教授的论文《拉马德雷冷位相灾害链及其预测方法》；会议通过了“关于加强天文时纬观测以配合地震预测的建议函”；及2009年由会议组织者起草的2份建议和1份请示，一并在附录中刊出。本书的目录中方法部分是经陈一文先生的指点后加上的。特此感谢。

2010年6月18日1时27分

2010年6月23日22时54分（第一次修改）

2010年7月3日18时50分（第二次修改）